A. L. Timofeev

# Holografia digital

A. L. Timofeev

# Holografia digital

## Codificação holográfica

ScienciaScripts

Cover image: www.ingimage.com

This book is a translation from the original published under ISBN 978-620-7-65193-1.

Publisher:
Sciencia Scripts
is a trademark of
Dodo Books Indian Ocean Ltd. and OmniScriptum S.R.L publishing group

120 High Road, East Finchley, London, N2 9ED, United Kingdom
Str. Armeneasca 28/1, office 1, Chisinau MD-2012, Republic of Moldova, Europe
Printed at: see last page
**ISBN: 978-620-7-74715-3**

## CONTEÚDO

# Introdução

Atualmente, a aplicação de modelos e métodos matemáticos de processamento de imagem ultrapassa cada vez mais o domínio do próprio processamento de imagem. Isto aplica-se, antes de mais, à holografia digital. A holografia, como método de reconstrução da frente de onda, pode ser utilizada não só para gravar e restaurar imagens tridimensionais de um objeto. A propriedade fundamental da holografia - divisibilidade do holograma [1] (possibilidade de reconstruir a imagem completa de um objeto a partir de um fragmento do holograma) - tem interesse para a codificação resistente ao ruído de mensagens arbitrárias. A propriedade de divisibilidade pode ser efetivamente utilizada na transmissão de informação através de um canal de comunicação com um elevado nível de ruído e/ou com um nível de sinal insuficiente, quando grandes fragmentos da mensagem podem ser distorcidos ou perdidos.

Neste contexto, é de interesse transferir os princípios do processamento holográfico de imagens para a codificação de dados digitais arbitrários e desenvolver métodos holográficos de codificação tolerante ao ruído, permitindo a correção de erros múltiplos.

Este facto é igualmente relevante para os sistemas de rádio sobre fibra (RoF) que utilizam técnicas de modulação X-QAM em várias posições em canais de fibra ótica, que estão sujeitos a requisitos elevados em termos da necessária elevada relação sinal/ruído, baixa dispersão e outras características que podem conduzir a uma distorção significativa do sinal e, consequentemente, à distorção da constelação original. Assim, a propriedade acima referida da holografia melhorará significativamente a imunidade ao ruído dos sinais nos segmentos de fibra e de rádio dos sistemas RoF.

A elevada imunidade ao ruído do método holográfico de processamento de informação e a capacidade de detetar um sinal muitas vezes inferior ao nível de interferência encontraram aplicação na holografia radioeléctrica para a construção de sistemas de radar [2-4]. Em [5] são consideradas formas de reduzir a carga do canal de rádio durante a transmissão de informação para a síntese subsequente de imagens 3D holográficas sem as suas distorções inaceitáveis.

A utilização da codificação holográfica para correção de erros foi proposta em [6]. A diferença fundamental entre esta tarefa e as tarefas de processamento de imagem que possuem redundância interna e permitem uma perda aceitável de precisão é a exigência de correspondência exacta do bloco de dados descodificado com o bloco inicial. O método considerado baseia-se na representação do bloco digital inicial de dados arbitrários como uma imagem e no cálculo do padrão de interferência da frente de onda criada por esta imagem.

A codificação da informação (modelação de hologramas) e a descodificação (reconstrução de matrizes digitais) requerem recursos computacionais bastante grandes. A complexidade dos cálculos pode ser significativamente reduzida se utilizarmos um código de posição única em vez de um código binário para representar o bloco inicial de informação digital. Neste caso, o objeto ótico para o qual o holograma é construído é uma fonte pontual sobre um fundo preto e a informação é incorporada nas coordenadas de um ponto no campo do objeto. O resultado da codificação é o holograma mais simples - uma placa de zona Fresnel, cujas coordenadas do centro contêm a informação codificada.

Em [7] foi demonstrada a possibilidade de utilizar hologramas de rádio unidimensionais para reduzir o tempo e os custos de material durante a transmissão num canal de rádio. [2]A modelização da codificação holográfica com hologramas de diferentes formas e tamanhos mostrou que a eficiência do código que utiliza um holograma matricial (m, m) corresponde à eficiência do código com um holograma unidimensional linear com o número de pontos m . Por conseguinte, para reduzir a complexidade computacional, é racional utilizar a representação dos dados de entrada como uma matriz unidimensional e formar um holograma unidimensional linear.

# 1 Codificação holográfica

## 1.1 Algoritmo de codificação

O método de codificação holográfica baseia-se na modelação matemática de um holograma unidimensional criado no espaço virtual por uma onda proveniente de um objeto que representa o bloco de dados de entrada [8].

A codificação holográfica unidimensional linear de informação digital arbitrária difere da holografia ótica pelos seguintes factores:

- o objeto é unidimensional
- o objeto não está limitado a medições espaciais, a unidade de medida do tamanho do objeto e do holograma é o comprimento de onda da radiação
- a onda propaga-se sem atenuação e é coerente a qualquer distância.

$^{k}$Um bloco preliminar de dados digitais X, que representa um código binário de k bits, é transformado num bloco secundário A - um objeto espacial unidimensional constituído por n = 2 pontos A(i), i = 1,..., n, sendo o valor de um deles igual a 1 e os restantes zeros: A(i) = 1 em i=X, A(i)=0 em i≠X. Esta transformação estabelece uma redundância de informação com o número de dígitos r = n - k e fixa a taxa de código R = k / n. O bloco secundário tem (n - 1) zeros e um um na posição dada pelo bloco primário. Assim, o bloco de dados de entrada é utilizado como o endereço da posição da unidade na sequência de zeros do código de posição da unidade do bloco secundário. Na interpretação ótica, o objeto (bloco secundário) representa uma linha preta com um único ponto luminoso cuja posição é determinada pelo bloco primário que está a ser codificado.

A formação do holograma é efectuada através da construção de uma régua de zona Fresnel.

A distância entre os pontos A(i) é igual a d. A célula A(i) = 1 é a fonte de uma onda esférica que se propaga no plano de análise e é caracterizada pelo comprimento de onda λ = d.

Consideremos os valores da frente de onda esférica no plano de localização do objeto numa linha paralela ao objeto a uma distância L, em n pontos com um passo d (Fig. 1.1). A onda proveniente da fonte propaga-se sem atenuação e atinge todos os elementos da matriz unidimensional H(j), j = 1,..., n. Os valores da frente de onda nos pontos considerados de H(j) são determinados pela fase da onda de entrada φ. O valor da onda proveniente do elemento A(i) no ponto de localização do elemento do holograma H(j) é igual a

$$H(i) = A(i)\sin\varphi(i,j),$$

(1)

φem que (i,j) é a fase da onda do elemento A(i) no ponto H(j).

A distância l(i,j) entre os pontos A(i) e H(j) é igual a

$$l(i,j) = \sqrt{L^2 + d^2(i-j)^2},$$

φentão (i,j) é a parte fraccionada do rácio l(i,j) para o comprimento de onda:

$$\varphi(i,j) = \{l(i,j)/\lambda\}.$$

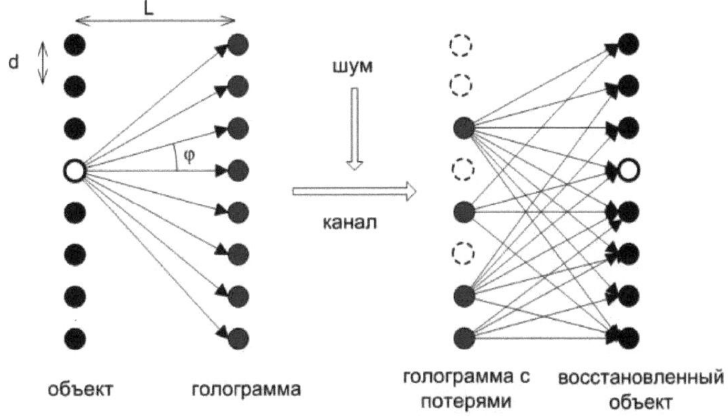


Figura 1.1. Esquema de codificação espacial

O conjunto de n pontos H(j) forma o holograma linear mais simples - um holograma de um ponto. Assim, um objeto unidimensional A(i) corresponde a um holograma unidimensional H(j). oOs valores do holograma recebido são arredondados para um bit - os positivos são tomados como 1, os negativos - como 0, o que resulta na formação de uma matriz unidimensional H (j) de n bits, que é uma combinação de códigos correspondente ao bloco de dados de entrada X de k bits. O arredondamento dos valores do holograma não introduz ruído de arredondamento digital, uma vez que a informação não está incorporada nos valores dos pontos (brilho) do holograma H(j), mas na posição (número de posição i=X) do centro das zonas de Fresnel.

oAssim, a matriz H (j) é um holograma de um ponto, ou seja, uma régua de zona unidimensional, que contém informações sobre o bloco de dados de entrada sob a forma de um código de n bits da coordenada do centro da zona de Fresnel.

OA combinação de códigos (palavra-código) H (j) é transmitida através do canal de comunicação com interferência e a descodificação é efectuada no lado recetor - encontrando o centro das zonas Fresnel, determinando o seu endereço e formando um bloco de dados de saída de k bits.

## 1.2 Algoritmo de descodificação

RA combinação de códigos distorcidos H (j) recebida através do canal de comunicação é considerada como uma matriz unidimensional de pontos, cujo número pode ser inferior a n devido à perda de alguma informação, e os valores dos elementos recebidos são distorcidos por ruído. RCada um dos n pontos da combinação de código H (j) é a fonte de uma onda esférica com o mesmo comprimento de onda λ que na codificação. RRO objeto recuperável A (i) é uma matriz unidimensional de pontos espaçados a um passo d numa linha reta paralela e a uma distância L da matriz H (j). RRSe cada um dos n pontos da matriz H (j) for representado por um bit, então o objeto A (i) contém n elementos multi-bit, cujo número de bits depende do comprimento da combinação de código e da redundância introduzida r = n - k.

RRA intensidade da onda do ponto da matriz H (j) no ponto do objeto reconstruído A (i) é calculada da mesma forma que na codificação (1). RRRPara cada ponto do objeto A (i) chegam ondas de cada ponto H (j) com o seu valor de fase e, como resultado da interferência destas ondas, formam-se os valores do objeto reconstruído A (i):

$$A_R(i) = \sum_{i=1}^{n} H_R(j)\sin\varphi(i,j)\text{, i=1,...,n.} \qquad (2)$$

RAssim, o objeto reconstruído A (i) é um holograma de segunda ordem (holograma holograma) do objeto original. Do ponto de vista ótico, o objeto reconstruído é uma linha escura com um ponto brilhante e uma pequena iluminação de fundo nos outros pontos.

$_{R}$Para obter o bloco de dados de saída sob a forma de um código de k bits, é necessário determinar o endereço do ponto brilhante - o número da posição Y, onde se encontra o máximo da matriz A (i). $_{R}$Este número é o valor do bloco de dados de saída X . Quando há distorção do sinal no processo de transmissão (ruído, interferência, perda de uma parte do sinal), a relação entre a amplitude do pico e o nível de ruído no sinal reconstruído diminui e o resultado da descodificação assume um carácter probabilístico. Assim, a presença de qualquer erro no sinal descodificado torna o resultado da restauração inaceitável, pelo que a caraterística básica de um código é a probabilidade de receção do resultado sem erros.

## 1.3 Testar a codificação num modelo de simulação

$_{O}$A estimativa da eficiência da codificação holográfica em comparação com os códigos imunes ao ruído existentes é efectuada através da modelização, em ambiente MATLAB, do processo de distorção e restauro da combinação de códigos H (j) na presença de erros aleatórios e de pacote.

Algoritmo de modelação:

Codificação:

- a dimensão do bloco codificado k
- o valor codificado X no intervalo 1,..., n, em que n= 2 é

especificado$^{k}$

- é formado um bloco secundário A(i), i=1,..., n, que contém uma

unidade na posição i=X, sendo as restantes zeros

- oO holograma H(j) é calculado pela fórmula (1) e arredondado para um bit, o que resulta na formação de uma sequência de um bit H(j), que é uma palavra de código para o valor inicial X.

oModelação da transmissão num canal ruidoso: utilizando a função awgn integrada no MATLAB, o ruído branco com uma determinada relação sinal-ruído (S/N) é sobreposto ao sinal H (j).

Descodificação:

- RO objeto recuperado A (i) é calculado pela fórmula (2)
- RO máximo de A (i) é encontrado e a sua coordenada i=Y é o valor de saída.

A Fig. 1.2 mostra o resultado da codificação (holograma unidimensional) de um bloco de dados de entrada de 8 bits com o valor X=100, o comprimento da combinação de código é de 256 bits.

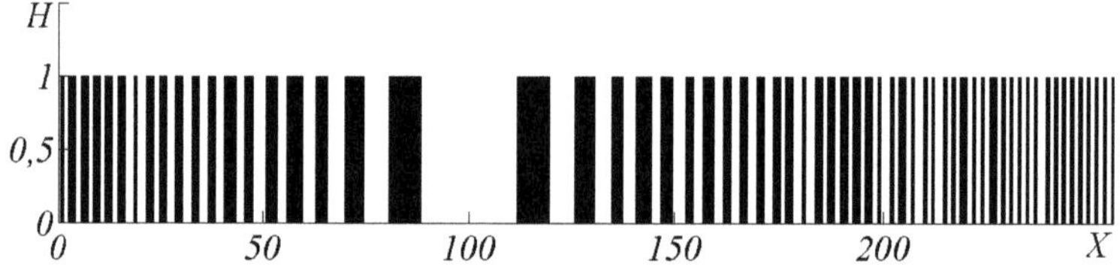


Fig. 1.2: Holograma unidimensional (sequência de zeros e uns) numa palavra de código de diinómio n=256

A Fig. 1.3 mostra o resultado da descodificação (imagem reconstruída do objeto) AR(i) com um máximo pronunciado na posição Y=100. A descodificação foi efectuada na presença de ruído no canal, com uma relação sinal/ruído S/N=0 dB. O ruído no canal aumenta a iluminação parasita do objeto reconstruído, e a correção do erro ocorre até que a emissão de ruído que excede o pico de informação apareça e, consequentemente, a coordenada do máximo Y mude.

O estudo da dependência da capacidade de correção do código holográfico em relação à distância entre o objeto e o holograma L, o passo do holograma d e o comprimento de onda λ mostrou que os melhores resultados são obtidos com os valores L=nd e λ=d.

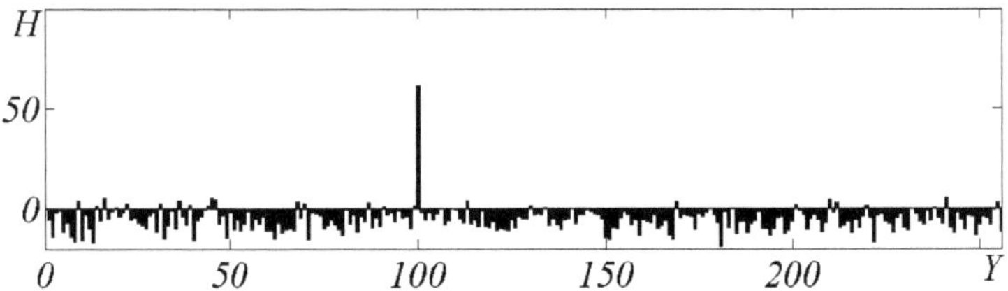


Figura 1.3. Resultado da descodificação a n=256, nível de ruído S/N=0 dB, valor descodificado Y=100

Consideremos as capacidades de correção de erros do código.

$^{k}$A capacidade de correção de um código resistente ao ruído com n=2 símbolos na combinação de código, dos quais k símbolos são informativos, é estimada pelo número máximo de erros t, que pode corrigir com um dado grau de redundância. $^{k-2}$Por exemplo, para o código Reed-Maller (código RM) t=2 -1 [9], o que corresponde à correção de erros de qualquer tipo, perfazendo até 25% do comprimento da palavra-código.

Um dos códigos mais eficazes conhecidos para a correção de erros é o código Reed-Solomon (código RS), amplamente utilizado na codificação resistente ao ruído, em sistemas de recuperação de dados de discos compactos, na criação de arquivos com a possibilidade de restaurar a informação em caso de danos [10]. O limite da capacidade de correção (n,k) do código PC é definido pelo limite de Singleton [11], segundo o qual, para corrigir t erros, o código deve ter pelo menos n-k=2t símbolos de verificação, ou seja, dois símbolos de verificação por cada erro. Com um elevado grau de redundância (n>>k), o número de erros corrigidos t aproxima-se de 50% do comprimento n da palavra de código. Por exemplo, o código PC (255,8) com um fator de redundância de 32, elimina 123 erros, enquanto a palavra de código contém 132 símbolos correctos - os erros ocupam 48% da palavra de código. A peculiaridade do código PC é que demonstra uma capacidade de correção tão elevada apenas para erros de pacotes [10]. Ao mesmo tempo, a maioria dos canais digitais descritos pelo modelo de um canal binário simétrico sem memória são caracterizados por erros aleatórios [10]. [k]Se passarmos de erros de pacote para erros aleatórios uniformemente distribuídos pela palavra-código, o número máximo de erros corrigidos pelo código PC será t=n/2 -1. Daqui resulta que a mesma variante do código PC (n,k) com n=256, k=8 corrige 15 erros aleatórios, o que corresponde a 6% do comprimento da palavra de código.

O código holográfico oferece uma elevada resistência aos erros aleatórios e de pacote. Para introduzir um determinado número de erros aleatórios na combinação de código, foi utilizada a função randperm (m,m), que gera m números únicos no intervalo de 1 a m. Estes números foram utilizados como endereços dos bits onde o erro é introduzido. Estes números foram utilizados como endereços dos bits onde o erro é introduzido. O resultado da recuperação de uma combinação de código com erro de comprimento n=256 contendo 80 erros aleatórios (31% do comprimento da palavra-código estava com erro) é apresentado na Figura 1.4. Como resultado de 100 000 testes, estabelece-se que a probabilidade de erro de descodificação, ou seja, a probabilidade de determinação incorrecta da posição máxima da informação com 80 erros, é de 0,00005.

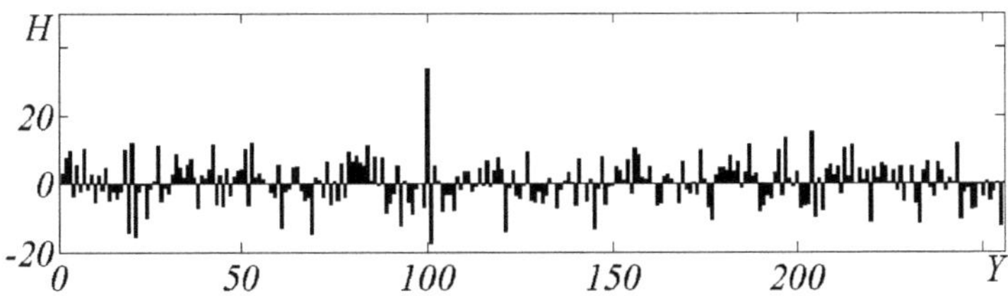


Figura 1.4. Resultado da descodificação da palavra de código com 31% de erros aleatórios

Para estimar a imunidade ao ruído de um código holográfico, procede-se à comparação da fiabilidade da transmissão de informação num canal com ruído branco gaussiano aditivo, utilizando vários códigos. Considera-se a dependência da probabilidade de erro de descodificação na relação sinal/ruído num canal para o código PC, o código PM, o código majoritário e o código holográfico. Para o efeito, tomam-se os números marginais de erros corrigidos acima considerados para cada código e constrói-se a dependência da probabilidade de ocorrência de um número de erros não superior ao marginal numa relação sinal/ruído. Em todos os casos, o número de bits da palavra-fonte é 8, o comprimento da palavra-código é 256 bits (taxa de código R=1/32). Os resultados são apresentados na Fig. 1.5.

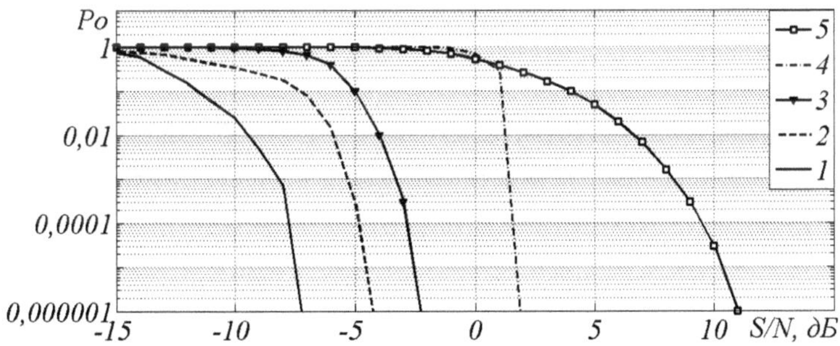

Fig. 1.5 Dependência da probabilidade de erro de descodificação Po na relação sinal/ruído à taxa de código R=1/32:
1 - código holográfico, 2 - código maioritário, 3 - código PM,
4 - código PC, 5 - sem codificação

Uma das formas mais fiáveis de transferência de informação em canais fortemente ruidosos é o cálculo da média dentro da redundância introduzida com a forma majoritária de uma seleção de decisão. $^{-6}$No entanto, verificou-se que o código holográfico é mais imune ao ruído e proporciona um ganho de 2 dB em comparação com o código majoritário que permite receber uma probabilidade de erro de descodificação de 10 a uma relação sinal/ruído S/N= -7 dB.

O ruído aditivo existe nos canais de comunicação analógicos, e a codificação tolerante ao ruído é aplicada a sinais digitais em que a principal caraterística de qualidade do canal é a taxa de erro de bit (BER).

$_0$A figura 1.6 mostra as dependências da probabilidade de erro de descodificação P em relação à probabilidade de erro no canal BER para os mesmos códigos, recebidas por cálculo para os códigos PC e RM, partindo de uma quantidade limite de erros corrigidos para cada código, e por modelização para os códigos maioritários e holográficos. $^{-4}$Para a mesma taxa de código R=1/32, o código holográfico fornece uma probabilidade de erro de descodificação inferior a 10 para uma probabilidade de erro num canal até BER=0,34.

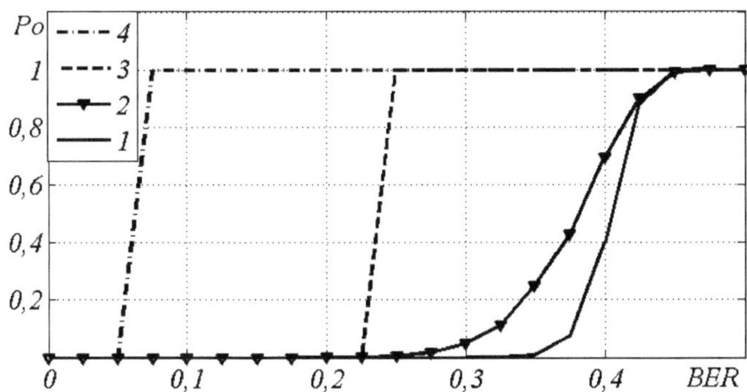


Fig. 1.6. Dependência da probabilidade de erro de descodificação PO na probabilidade de erro por bit BER: 1 - código holográfico, 2 - código majoritário, 3 - código RM, 4 - código PC

Os exemplos considerados de distorção da mensagem transmitida são típicos de um canal binário simétrico sem memória - os erros nele contidos são independentes. Ao mesmo tempo, a maioria dos canais de radiocomunicação (exceto os canais espaciais) caracteriza-se pela presença do efeito de desvanecimento devido à propagação multipercurso. Estes incluem canais móveis sem fios, canais ionosféricos e troposféricos. Nestes canais, as distorções são causadas por erros que assumem a forma de pacotes e não de erros individuais isolados [10].

Em si mesma, a tarefa de correção de erros em todos os bits de uma palavra-código binária é trivial - para esse efeito, basta inverter cada bit. O problema, neste caso, para os códigos conhecidos é escolher entre dois resultados de descodificação igualmente prováveis - direto e invertido. O código holográfico, ao contrário de outros códigos, dá o resultado coincidente de descodificação tanto para o bloco de dados direto como para o invertido. A Fig. 1.7 mostra o resultado da descodificação do bloco com um número de erros igual a 100 %. Como se pode ver por comparação com o resultado da descodificação do bloco não distorcido (Fig. 1.3), os erros de pacote levam à inversão de um holograma secundário e, para restaurar o valor de um bloco de dados de entrada, é necessário apenas definir um ponto de um extremo global, independentemente do seu sinal. Este efeito pode também ser explicado pelo facto de as coordenadas do centro das zonas de Fresnel serem calculadas com igual sucesso para imagens de placas de Fresnel positivas e negativas (erros de 100%).

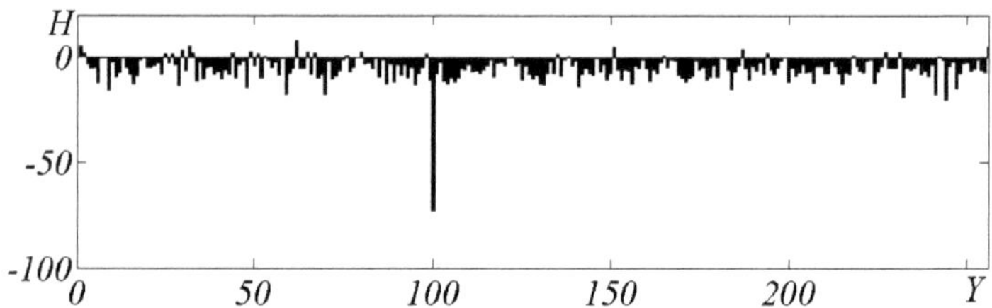


Fig. 1.7. Resultado da descodificação com 100% de erros de pacotes

É mais difícil recuperar um bloco de dados quando a palavra de código contém cerca de 50% dos erros agrupados.

Este problema é resolvido da seguinte forma. A combinação de códigos descodificados é dividida em quatro partes iguais e cada parte é processada de forma direta e invertida. Na interpretação ótica - cada quarto do holograma é considerado como uma imagem positiva e negativa, em cada uma das quais é determinado o centro das zonas de Fresnel - restauro do objeto inicial (valor do bloco de dados descodificado). Permite corrigir todos os erros de pacote com o tamanho do pacote de 0 a 100% do comprimento da palavra-código em qualquer disposição do pacote na palavra-código. Assim, limitando as possibilidades do código PC - correção de 50 % dos erros de pacote, o código holográfico - 100 % dos erros.

O código holográfico é igualmente eficaz na descodificação de sinais que contêm uma mistura de erros aleatórios e dependentes. Na investigação do trabalho do descodificador neste modo, os erros numa combinação de código foram introduzidos por meio do gerador de números aleatórios. oCom um número de erros inferior a 50 %, estes são aleatórios e, com um comprimento de palavra-código n=1024, a probabilidade de erro de descodificação é P =0,001 com t=41 % de erros (fig. 1.8).

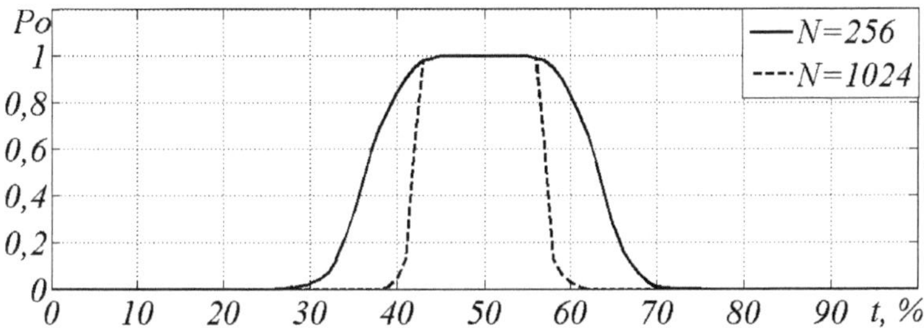


Fig. 1.8. Dependência da probabilidade de erro de descodificação PO do número de erros t para comprimentos de código n=256 e n=1024

O número máximo possível de erros aleatórios independentes numa combinação de código suficientemente longa é de 50% do número de bits na palavra de código. Quando a fonte de erros aleatórios é mais afetada, os erros sobrepõem-se e, eventualmente, forma-se uma palavra de código aleatória, metade dos bits da qual coincide com os bits de qualquer outra palavra de código. Para a introdução de mais de 50 % de erros, os bits para distorção são escolhidos tendo em conta os erros já existentes, pelo que os erros se tornam dependentes. oCom um número de erros superior a 50 %, os resultados da descodificação formam a parte direita do gráfico da dependência da probabilidade de erro de descodificação P do número de erros t (fig. 1.8). Quando o número total de erros é superior a 60 %, os erros adicionados preenchem as lacunas entre os erros aleatórios, transformando-os em erros de pacote, o que dá a oportunidade de efetuar a recuperação total da informação. Assim, o código holográfico permite corrigir uma mistura de erros aleatórios e dependentes se o seu número total exceder 60% do comprimento da palavra-código.

O método de codificação holográfica tolerante ao ruído permite a recuperação total de dados que contenham até 40% de erros independentes aleatórios e até 100% de erros de pacotes dependentes.

Uma outra vantagem do código holográfico é a menor complexidade da codificação e da descodificação com uma variação da redundância em limites amplos. A descodificação do código Reed-Solomon, amplamente utilizado, é um problema bastante complicado, para cuja solução foram desenvolvidos vários tipos de algoritmos. Por exemplo, o algoritmo de Peterson-Horenstein-Zirler reduz o problema de encontrar posições e valores de t erros à resolução de dois sistemas de equações lineares de ordem t. [3]O método Gaussiano pode ser utilizado para a solução, e então a complexidade computacional será de ordem t [9].

$^{2}{}_{R}$A descodificação do código holográfico consiste em calcular n vezes A (i) utilizando a fórmula (4), o que é significativamente mais simples do ponto de vista algorítmico e requer menos recursos computacionais.

O código holográfico tem interesse para a transmissão de informações através de canais com uma baixa relação sinal-ruído (sistemas de comunicação espacial ou de comunicação ótica que utilizam o espaço livre como canal de transmissão, sistemas de comunicação terrestre, incluindo comunicações móveis por rádio, bem como sistemas de comunicação ótica baseados na tecnologia RoF). Além disso, pode melhorar a fiabilidade do armazenamento de informações em sistemas expostos a radiações ionizantes (tecnologia espacial) [12], etc.

# 2 Extensão do alcance das ligações ópticas atmosféricas utilizando codificação holográfica

As ligações ópticas atmosféricas utilizam a transmissão de radiação ótica no infravermelho próximo através da atmosfera. Em inglês, o termo correspondente free-space optics (FSO) inclui também a transmissão no espaço. Os sistemas FSO são utilizados para comunicações de alta velocidade entre dois pontos fixos a distâncias até vários quilómetros. Os canais FSO são atractivos para uma vasta gama de aplicações, tais como troços de última milha em zonas urbanas, ligação de estações de base de redes celulares, organização da comunicação entre objectos onde não é possível a instalação de cabos (zonas industriais, caminhos-de-ferro, etc.), canais de comunicação temporários, canais de comunicação que não são susceptíveis a interferências externas e não as criam, redução de atrasos em comparação com linhas de cabo, distribuição de chaves quânticas, etc.

O FSO tem uma vasta gama de vantagens, como o elevado débito de dados, a segurança da informação, o baixo consumo de energia e a ausência de interferências com outros canais de comunicação sem fios. As ligações atmosféricas com uma velocidade de transmissão de 10 Gbit/s estão a ser utilizadas comercialmente e as ligações experimentais competem com as ligações de fibra ótica em termos de velocidade [13].

No entanto, a tecnologia FSO é limitada pelos efeitos da turbulência atmosférica e por várias condições meteorológicas, como chuva, neblina, fumo, nevoeiro, névoa, neve, etc.

Os sistemas FSO dividem-se em sistemas coerentes e incoerentes com base no método de deteção do sinal. Os sistemas coerentes utilizam a modulação da amplitude, da frequência ou da fase da radiação laser, enquanto os sistemas incoerentes utilizam a intensidade da luz emitida para transmitir informações. Os sistemas coerentes têm muito maior sensibilidade e resistência à atenuação causada pela turbulência, mas devido à sua elevada complexidade e custo, as linhas incoerentes são normalmente utilizadas nos sistemas FSO terrestres. São utilizadas várias técnicas de modulação [14] e de codificação de canal [15] para melhorar a robustez do FSO à turbulência atmosférica e ao desvanecimento.

## 2.1 Modulação e codificação em canais FSO

A modulação de chaveamento ligado/desligado (OOK) é a mais simples de implementar e é frequentemente utilizada. Quando se utiliza OOK, os dados modulados são representados pela presença ("ligado") ou ausência ("desligado") de um impulso de luz em cada intervalo de símbolo. No recetor, para uma deteção óptima do sinal, é necessário conhecer o fator de desvanecimento instantâneo do canal para definir o limiar dinâmico [16]. A informação sobre o estado do canal pode ser estimada com uma precisão razoavelmente boa utilizando vários símbolos de referência [17].

Para além da necessidade de limiarização dinâmica no recetor, a modulação OOK tem uma eficiência energética e espetral relativamente baixa. A eficiência energética refere-se à taxa de dados máxima que pode ser atingida com a BER (taxa de erro de bits) pretendida ou a BER mínima com a taxa pretendida para uma determinada energia de transmissão. A eficiência espetral refere-se à taxa de transmissão de informações.

Para ultrapassar estes inconvenientes, foram propostos outros esquemas de modulação. Uma forma muito eficaz de resolver o problema da eficiência energética é a modulação por impulsos (PPM) [18]. No método clássico de formação de sinais com PPM, o intervalo de símbolos

[0; T] é dividido em L subintervalos (slots) com duração t cada. A transmissão do l-ésimo símbolo corresponde à transmissão de um pulso com posição temporal (l-1)t. Em [19], provou-se que, para um canal ótico clássico com potência média e de pico limitadas, o PPM quase atinge a capacidade do canal. Para a deteção de sinais no recetor, o PPM tem a vantagem de, ao contrário do OOK, não necessitar de um limiar dinâmico para uma deteção óptima [20]. Em particular, o PPM foi proposto para comunicações espaciais de longo alcance (juntamente com um contador de fotões no recetor), em que a eficiência energética é um fator crítico [21].

A modulação pulso-posição-pulso multipulsos (MPPM) [22,23], que tem vantagens sobre a PPM clássica no que respeita à redução do rácio pico/potência média e à melhoria da eficiência espetral [24], tem uma eficiência energética ainda maior. Nesta abordagem, não um, mas K impulsos são transmitidos durante os mesmos L slots. Deve-se notar que o MPPM supera o PPM também em termos de eficiência de freqüência [25]. Ao mesmo tempo, o MPPM tem uma maior complexidade de desmodulação [20].

Deve considerar-se que, apesar da maior largura de banda disponível na banda ótica, a eficiência espetral continua a ser um fator importante, uma vez que, de um ponto de vista prático, está diretamente relacionada com a velocidade necessária dos circuitos electrónicos de controlo, modulação e codificação no sistema FSO. Quando a potência de pico de transmissão é limitada, o MPPM tem um desempenho superior ao PPM. Inversamente, quando a limitação é imposta à potência média de transmissão, o PPM supera o MPPM [26].

Outro esquema de modulação muito utilizado é a modulação por largura de impulso (PWM). Em comparação com a PPM, a PWM requer uma potência de transmissão de pico mais baixa, tem melhor eficiência espetral e é mais robusta à interferência intersimbólica, especialmente para um grande número de ranhuras por símbolo [27]. No entanto, estas vantagens são contrabalançadas pelos requisitos de potência média mais elevados do PWM.

Uma análise comparativa da estabilidade do canal FSO à turbulência atmosférica para diferentes métodos de modulação foi efectuada em [14]. O estudo foi efectuado para a modulação OOK, diferentes tipos de modulação de fase (BPSK, 16-PSK, 2-PPM, 16-PPM) e modulação de amplitude em quadratura (4-QAM, 16-QAM). Verifica-se que a modulação posição-pulso 16-PPM é a mais robusta à turbulência e ao nevoeiro no canal FSO.

A utilização da tecnologia de multiplexagem ortogonal no domínio da frequência (OFDM) em FSO deve também ser registada. A influência da turbulência do canal ótico atmosférico no sinal OFDM em diferentes modos foi analisada em [28-30]. No entanto, ao propagar e recuperar os dados transmitidos no lado recetor, devido à não homogeneidade do meio, o alcance da linha é significativamente limitado e a complexidade do processamento aumenta. A utilização de OFDM com transformada discreta de Fourier e espalhamento de espetro (DFT-s-OFDM) pode ser uma solução para este problema. A pré-codificação DFT transporta os sinais de entrada para o domínio da frequência, enquanto a tecnologia DFT-s-OFDM permite a síntese de sinais de portadora única em bloco com diferentes larguras de banda, variando o tamanho do bloco DFT, e tem em conta a duração do intervalo de guarda interno sem afetar a duração do símbolo, realizando assim uma menor emissão fora da banda (OOVE) em comparação com a OFDM. Esta técnica tem mecanismos de implementação flexíveis e de menor complexidade, o que permite controlar os parâmetros OOVE e a relação pico/potência média (PAPR) utilizando, por exemplo, o método de cauda zero ou de palavras únicas, que utiliza um período de guarda interno flexível em vez de um intervalo de guarda útil dependente dos dados. A estrutura do sinal de saída DFT-s-OFDM pode ser interpretada como um esquema OFDM pré-codificado, em que a pré-codificação utilizando a DFT tem por objetivo reduzir a PAPR. Esta interpretação tem os seus méritos, uma vez que pode fornecer diferentes estratégias de pré-codificação para obter os melhores parâmetros. Outra caraterística é que a DFT-s-OFDM pode ser vista como um esquema que aumenta a amostragem dos símbolos de dados por um fator igual à razão entre a dimensionalidade dos blocos IDFT e DFT, e aplica a modelação de impulsos cíclicos com uma função sinc antes de inserir o intervalo de guarda, o que é equivalente à modelação do sinal numa única frequência portadora. Em [31], é apresentado um método de modulação adaptativo melhorado por DFT com elevada eficiência espetral baseado na multiplexagem de frequências num canal de fibra híbrida para comunicações de largura de banda ótica visível, a fim de reduzir a PAPR e a relação sinal-ruído.

Apesar da utilização de técnicas de modulação tolerantes ao ruído, as flutuações na intensidade do sinal recebido causadas pela turbulência atmosférica podem conduzir a uma degradação significativa do desempenho e à falha do sistema. De facto, o canal ótico atmosférico tem uma memória muito longa e o desvanecimento do canal pode causar um número anormalmente elevado de erros que afectam milhares de bits de canal recebidos consecutivamente. A redução do desvanecimento nos canais FSO tem sido objeto de intensa investigação. Uma solução possível é a codificação do canal [32], que é particularmente útil para turbulência fraca [33]. Também é eficaz para turbulência moderadamente forte, desde que os efeitos da turbulência possam primeiro ser significativamente reduzidos, por exemplo, por outras técnicas de supressão do desvanecimento, como o cálculo da média da abertura, técnicas de diversidade ou ótica adaptativa.

Num grande número de trabalhos sobre sistemas codificados FSO, foi considerada a utilização de códigos convolucionais e códigos LDPC (low-density parity-check) [34-36]. A utilização da codificação LDPC em conjunto com a modulação OFDM é proposta em [37]. Em [38] são obtidos limites de desempenho para o número de erros em sistemas de comunicação FSO codificados operando em canais com turbulência atmosférica. No entanto, estes trabalhos consideram um canal FSO não correlacionado que requer a utilização de grandes interleavers. Um interleaver utiliza a intercalação (mistura) dos símbolos da sequência transmitida na transmissão e restaura a sua estrutura original na receção para combater os erros de empacotamento. O tempo de coerência de um canal atmosférico é de cerca de 0,1-10 ms, pelo que o desvanecimento permanece constante ao longo de centenas de milhares a milhões de bits consecutivos para uma taxa de transmissão típica [39]. Para canais atmosféricos com tempos de coerência tão grandes, isto exige uma latência elevada e a utilização de grandes quantidades de memória para armazenar quadros de dados longos. Além disso, quando se utiliza o cálculo da média na abertura do recetor, a aplicação da diversidade temporal através da codificação do canal torna-se mais difícil e mesmo impraticável [33].

Em [40], é proposta a utilização de canais de realimentação em FSO para eliminar a necessidade de intercalação e reduzir a redundância introduzida com a codificação do canal. A ideia é utilizar a informação sobre o estado do canal obtida a partir do canal de realimentação para selecionar um par codificador-descodificador adequado a partir de um banco de codificadores e descodificadores [41].

Um grande número de trabalhos sobre sistemas de código FSO pressupõe a utilização de modulação binária. Mas há também um número suficiente de trabalhos em que é considerada a modulação não binária. Por exemplo, em [42] são considerados códigos convolucionais e códigos turbo relativamente à modulação PPM. Em [17], o código Reed-Solomon (código RS) é proposto como uma solução para a modulação baseada em PPM. No entanto, a codificação RS não pode proporcionar um desempenho satisfatório quando se utiliza a descodificação rígida, que é normalmente efectuada no recetor. A descodificação suave do RS é computacionalmente demasiado complexa e raramente é implementada.

## 2.2 Codificação holográfica de posição

O resultado final da análise e seleção dos métodos de modulação e codificação da radiação no canal atmosférico é o alcance de comunicação alcançável do sistema FSO a um determinado nível de probabilidade de erro BER. Para obter o resultado ótimo, é importante assegurar a combinação do tipo de codificação do canal com o método de modulação. Um exemplo dessa combinação é a modulação posição-pulso e os códigos de imunidade à posição [43]. Um desses códigos é um código holográfico que utiliza para a transmissão não um único impulso na posição desejada, como na modulação PPM, mas a transmissão de uma sequência de impulsos que representam um holograma linear unidimensional de um único impulso. A modulação, neste caso, continua a ser posicional, mas torna-se modulação multipulsos, ou seja, MPPM. A codificação holográfica com diferentes características e possíveis aplicações é descrita em [8,12,44].

A peculiaridade do código holográfico é que a palavra codificada de entrada deve ser representada num único código posicional. Ao utilizar outros códigos imunes ao ruído, quase todos eles códigos não posicionais, perdem-se as vantagens do PPM (eficiência energética e eficiência espetral) e não se atinge a potencial imunidade ao ruído dos códigos seleccionados.

Vamos considerar em pormenor a aplicação da codificação holográfica no canal FSO com modulação posição-pulso.

No processo de codificação, o intervalo de caracteres (utilizado para transmitir um caractere, bloco de dados) é dividido em L faixas horárias de duração t. $^{k}$O bloco de dados de entrada digital X a ser transmitido, que é um código binário de k bits, é convertido num código de posição A, constituído por n = 2 pontos A(i), i = 1,..., n, sendo o valor de um deles 1, os outros são zeros: A(i) = 1 em i = X, A(i)=0 em i ≠ X. Como resultado, o bloco A tem (n-1) zeros e uma unidade na posição dada pelo bloco X (Figura 2.1). Assim, o bloco de dados de entrada é utilizado como endereço da posição da unidade na sequência de zeros do código de posição da unidade. Este passo de codificação corresponde à modulação posição-pulso com o número de ranhuras L=n.

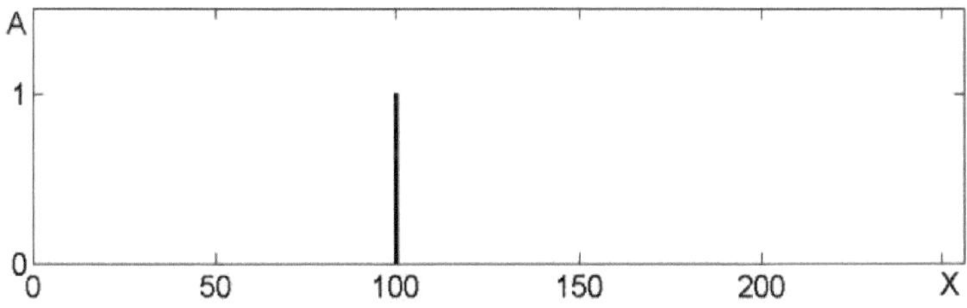

Figura 2.1. Bloco de dados de entrada X=100 com modulação PPM a L=256

O método de codificação holográfica baseia-se na modelização matemática de um holograma unidimensional criado no espaço virtual por uma onda proveniente de um objeto que representa um bloco de dados de entrada. A formação do holograma do impulso de código de posição é efectuada através da construção de uma sequência digital correspondente à régua da zona de Fresnel [44]. Assim, um objeto unidimensional A(i) é colocado em correspondência com um holograma unidimensional H(j). oOs valores do holograma calculado são arredondados a um bit - os positivos são tomados como 1, os negativos - como 0. Como resultado, forma-se uma matriz unidimensional H (j) de n bits, que é uma combinação de código com modulação MPPM correspondente a um bloco de dados de entrada X de k bits (Fig. 2.2).

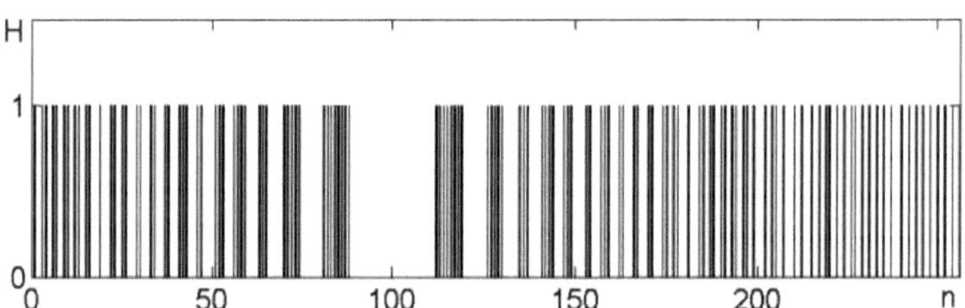


Fig. 2.2. Impulsos MPPM formando um holograma unidimensional do bloco de entrada X=100 na palavra de código com uma palavra de código de diinómio n=256

oNo processo de transmissão durante o intervalo de símbolo de duração T=nt durante os slots com números correspondentes aos bits individuais da matriz H (j), o laser é ligado. Como resultado, uma sequência de impulsos laser, cujo número é aproximadamente igual a L/2, é emitida para o canal durante o intervalo de símbolos.

A descodificação no recetor é feita da seguinte forma. O sinal recebido durante o intervalo de símbolos é digitalizado e sujeito a um procedimento de reconstrução de holograma digital. A matriz linear digital resultante tem um máximo na célula Y com um número correspondente ao valor do bloco de entrada X. A Fig. 2.3 mostra o resultado da modelação em MATLAB do processo de descodificação do sinal na presença de ruído branco no canal, cuja potência é igual à potência do sinal.

O código holográfico utiliza a propriedade de divisibilidade do holograma e é capaz de recuperar a informação transmitida a partir do fragmento do holograma, bem como a informação escondida pelo ruído. As capacidades de restauração do código holográfico dependem do comprimento do holograma (número de ranhuras L no intervalo de símbolos).

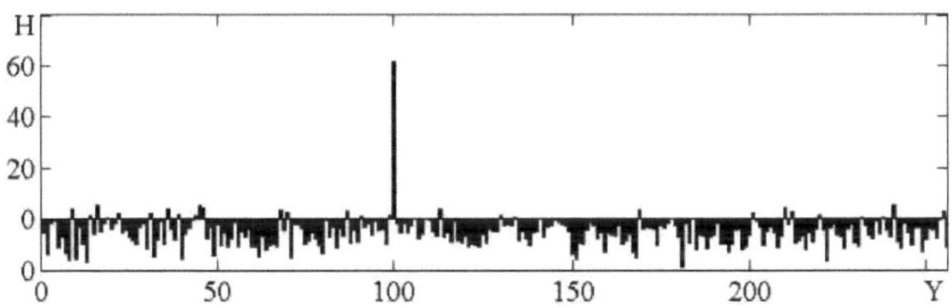


Figura 2.3. Resultado da descodificação a n=256, relação sinal/ruído S/N=0 dB, valor descodificado Y=100

Nos canais de comunicação digital, é frequentemente mais informativo estimar a imunidade ao ruído não com base numa relação sinal/ruído, mas com base numa quantidade limite de erros aleatórios na palavra descodificada. A Fig. 2.4 mostra o resultado da descodificação de uma palavra de código de comprimento n=256 na presença de 80 erros aleatórios (31 %). A definição inequívoca do máximo na posição Y=100 permite uma descodificação correcta.

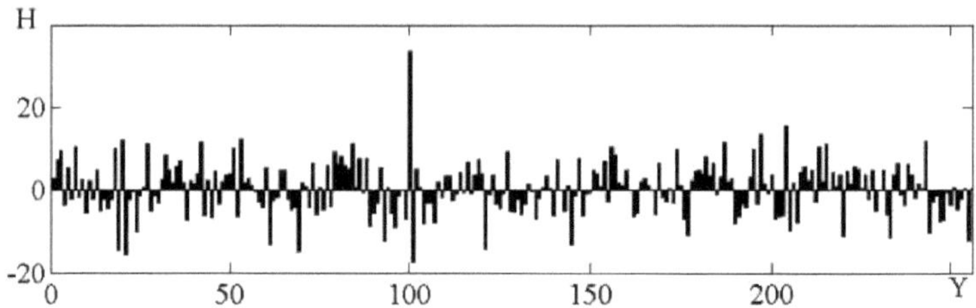


Figura 2.4. Resultado da descodificação da palavra de código com 31% de erros aleatórios, valor descodificado Y=100

## 2.3 Modelos de canais atmosféricos

Existem muitos modelos de canais FSO, dependendo da turbulência do meio e da modulação utilizada. Obviamente, o principal parâmetro que afecta a qualidade do sinal em FSO é a atenuação, que tem diferentes naturezas. $_{RT}$Em [45], dedicado a uma descrição detalhada de um canal de comunicação ótica atmosférica, a potência de entrada P do recetor está relacionada com a potência transmitida P pela seguinte expressão:

$$_{RT}P = P \exp(-\tau),$$

em que τ é o coeficiente de transmissão. Em geral, as perdas no canal ótico são causadas por absorção e dispersão, o que é mostrado na fórmula

$$\gamma\lambda_m\lambda_a\lambda\beta_m\lambda\beta_a\lambda(\ ) = \alpha\ (\ )+\alpha\ (\ )+\ (\ )+\ (\ ),$$

$_m\lambda_a\lambda\beta_m\lambda\beta_a\lambda$em que α ( ) é o coeficiente de absorção molecular, α ( ) é o coeficiente de absorção do aerossol, ( ) é o coeficiente de dispersão molecular, ( )é o coeficiente de dispersão do aerossol.

Existem também outros mecanismos de perda relacionados com a divergência do feixe, efeitos climáticos: nevoeiro, chuva, neve, etc. Por exemplo, as perdas causadas pelo nevoeiro podem ser descritas pelo coeficiente de transmissão [14]

$$_{p}\sigma h = \exp(- z),$$

em que o coeficiente σ é definido como

$$\sigma = \frac{3.912}{V}\left[\frac{\lambda}{550\text{нм}}\right]^{-q}$$

e a transparência V (em km) e o parâmetro q são definidos em pormenor em [14]:

$$q = \begin{cases} 1.6, & V > 50 \text{ км} \\ 1.3, & 6 \text{ км} < V < 50 \text{ км} \\ 0.16V + 0.34, & 1 \text{ км} < V < 6 \text{ км} \\ V - 0.5, & 0,5 \text{ км} < V < 1 \text{ км} \\ 0, & V < 0.5 \text{ км} \end{cases}$$

A turbulência num canal atmosférico conduz a três efeitos principais [46]:

- se a dimensão da não homogeneidade for comparável ao comprimento de onda, conduz a um efeito de lente;
- se o tamanho da não homogeneidade for maior do que o comprimento de onda, conduz à reflexão da radiação;
- se o tamanho da não homogeneidade for menor do que o comprimento de onda, conduz à dispersão da radiação.

O código holográfico aumenta a resistência tanto à distorção do sinal como à perda de fragmentos de sinal devido à turbulência. A representação posicional dos dados codificados no código holográfico facilita o seu acoplamento com a modulação de impulsos posicional e permite transferir a redundância criada necessária para melhorar a imunidade ao ruído do canal digital para o canal ótico, substituindo o PPM pelo MPPM. Isto significa que a imunidade ao ruído é melhorada sem reduzir a taxa de dados.

A eficácia de um determinado método de modulação/codificação é geralmente avaliada através da taxa de erro de bits BER.

Assim, em [14], é proposta a seguinte técnica de estimação da BER para a modulação RRM baseada na função G de Meyer:

$$P_e(h)=\frac{1}{2\sqrt{\pi}}G_{1,2}^{2,0}\left(\frac{\gamma h^2}{8}\middle|_{0,\frac{1}{2}}^{1}\right),$$

$$BER=QoG_{5,2}^{2,4}\left(\frac{2\gamma h_p^2}{(\alpha\beta)^2}\middle|_{0,\frac{1}{2}}^{\frac{1-\alpha}{2},1-\frac{\alpha}{2},\frac{1-\beta}{2},1-\frac{\beta}{2},1}\right),$$

${}_e\gamma$em que P (h) é a probabilidade de erro, h é o coeficiente de transmissão, é a relação sinal-ruído e os coeficientes α e β são determinados para o canal atmosférico com distribuição gama-gama, que é descrita em pormenor em [14].

Para o MRRM, a BER média pode ser calculada utilizando a fórmula [46]:

$$P_e^u\leq\frac{M}{8\sqrt{2\pi}}\sum_{j=-Q,j\neq Q}^{Q}H_j\frac{x_j^2F^2+x_jw_jF+2K_n}{(x_j^2F^2+x_jw_jF+K_n)^{3/2}}\left(\frac{x_j^2F^2+2x_jw_jF+w_j^2}{w_j}\right)\times$$

$$\times D\sum_{i=1}^{b}d_i\left(\frac{b\mu+\Omega^{/}}{ab}\right)^{\frac{a+i}{2}}G_{1,3}^{2,1}\left[\frac{abK_s}{(b\mu+\Omega^{/})\overline{K}_s}\middle|_{a,i,0}^{1}\right]$$

para a distribuição M, também definida através da função G de Meyer, e pela fórmula

$$P_e^u\leq\frac{M}{4\sqrt{2\pi}}\sum_{j=-Q,j\neq Q}^{Q}H_j\frac{x_j^2F^2+x_jw_jF+2K_n}{(x_j^2F^2+x_jw_jF+K_n)^{3/2}}\left\{1-\exp\left[-\left(\frac{x_j^2F+x_jw_j}{\eta\overline{K}_s}\right)^{\beta}\right]\right\}^{\alpha}\left(\frac{x_j^2F^2+x_jw_jF+K_n}{w_j}\right)$$

para a distribuição exponencial de Weibull. Note-se que as estimativas de BER diferem consoante o modelo de turbulência aplicado no canal atmosférico. A probabilidade de erro de símbolo (SEP) pode ser determinada para a modulação PPM da seguinte forma [47]:

$$p_s(h) = \frac{1}{2} erfc(h\gamma_s),$$

onde

$$erfc(x) = \frac{1}{\sqrt{\pi}} G_{1,2}^{2,0}\left(x^2 \middle|_{0,1/2}^{1}\right),$$

e, no caso do MRRM

$$p_s(h) = 1 - \frac{1}{\sqrt{\pi}} \int_{-\infty}^{\infty} \left[1 - \frac{1}{2} erfc(t)\right]^{M-1} e^{-\left(t - \frac{hM\gamma_s}{\sqrt{2}}\right)^2} dt.$$

## 2.4 Resultados da modelação

Para avaliar a estabilidade do canal FSO com codificação holográfica, foi efectuada uma modelização em ambiente MATLAB. oA turbulência atmosférica foi modelada através da sobreposição, com a ajuda da função integrada no MATLAB wgn, de ruído branco com uma dada potência ao sinal H (j), bem como através da remoção de uma parte da matriz digital transmitida.

kNo processo de modelação, foi fixado o número de dígitos k (na gama de 4 a 12) do bloco de dados binários transmitido através do canal FSO e, por conseguinte, o número de ranhuras no intervalo de símbolos L=2 . oFoi efectuada a síntese de um holograma H (j) de amplitude unitária e foi-lhe sobreposto ruído branco de potência ajustável de -20 dBm a 10 dBm. Em seguida, procedeu-se à reconstrução do bloco de dados transmitido a partir do holograma distorcido pelo ruído e determinou-se a presença ou ausência de erro no sinal reconstruído. O número de ensaios foi escolhido de modo a ser suficiente para obter uma estimativa estável da probabilidade de erro. Para efeitos de comparação, a estimativa da probabilidade de erro foi efectuada ao transmitir o sinal PPM sem codificação com o mesmo comprimento de intervalo de símbolo e com a mesma potência de ruído. A Fig. 2.5 mostra as dependências da probabilidade de erro com a potência de ruído na transmissão de informação sem codificação e com codificação, obtidas para um intervalo de símbolos com L=256 ranhuras.

Os resultados sugerem que a utilização da codificação conduz a uma melhor imunidade ao ruído e a uma menor probabilidade de erro no recetor e tem um efeito equivalente ao do aumento da potência do emissor.

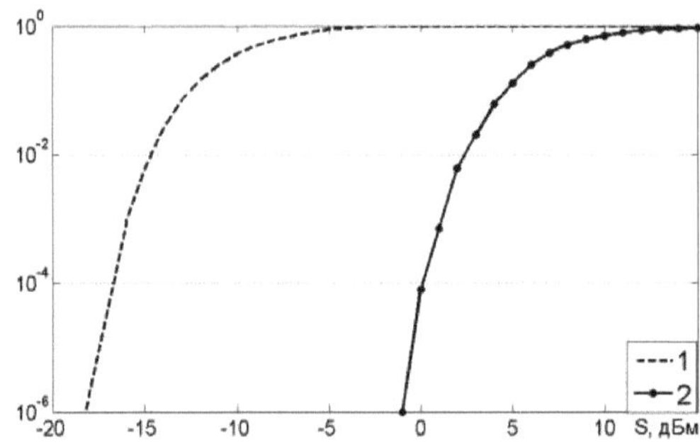


Fig. 2.5. Dependência da probabilidade de erro P da potência de ruído S em L=256. 1 - sem codificação, 2 - com codificação

$^{-3}$A Fig. 2.6 mostra a dependência da reserva de potência equivalente gerada pelo transmissor em relação ao comprimento do intervalo de caracteres, determinado pelo número de dígitos do bloco de dados de entrada, com uma probabilidade de erro constante igual a 10 . O gráfico mostra que a k = 9 (o intervalo de caracteres é dividido em 512 ranhuras) é formada uma reserva de potência 100 vezes superior. Esta reserva pode ser utilizada tanto para aumentar o alcance da comunicação como para melhorar a fiabilidade do canal de comunicação. $^{-6}$Por exemplo, a L=256 ranhuras no intervalo de símbolos, na ausência de codificação, para garantir uma probabilidade de erro não superior a 10, a potência de ruído no canal não deve ser superior a -18 dBm. $^{-6}$Quando se utiliza a codificação, a probabilidade de erro de 10 é fornecida a uma potência de ruído de -1 dBm, ou seja, 50 vezes mais elevada.

A grande vantagem da codificação posicional é o facto de a redundância de informação, necessária para uma codificação resistente ao ruído, ser criada dentro do intervalo de símbolos e não alterar a frequência da sequência de símbolos, ou seja, não reduzir a velocidade de transmissão da informação. Em todos os códigos que não são de posição, a introdução de redundância leva à redução da velocidade do código.

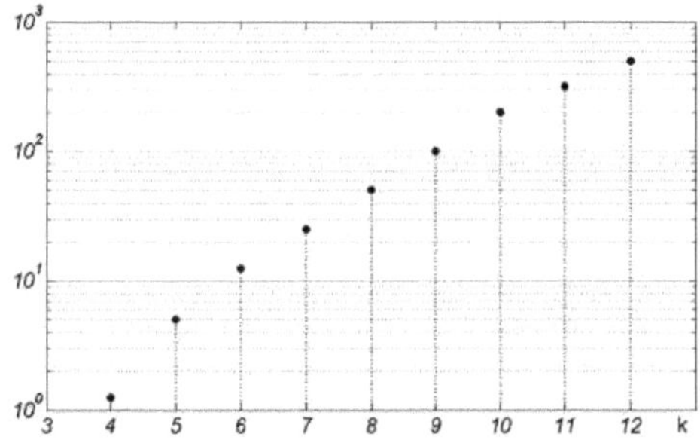


Fig. 2.6. Dependência da margem de potência equivalente do número de dígitos k do bloco de dados transmitido

Ao avaliar a possibilidade de utilizar a codificação holográfica em sistemas FSO existentes, é necessário ter em conta que, para a transmissão do holograma, é utilizada a modulação posição-pulso multipulsos e, consequentemente, no intervalo de símbolos é transmitido não um impulso (como no PPM amplamente utilizado), mas L/2 impulsos. Isto aumenta a potência média do transmissor em L/2 vezes.

Assim, o método considerado de transmissão de informação digital através do canal atmosférico baseia-se na utilização conjunta da modulação posição-pulso e da codificação holográfica de posição. Neste caso, a codificação ocorre dentro do intervalo de símbolo e pode ser considerada como uma componente da modulação posição-pulso multipulso MPPM. Por conseguinte, podemos falar deste esquema como MPPM holográfico - HMPPM.

Se no hardware FSO utilizado não houver possibilidade de transição para MPPM, pode aplicar-se a codificação holográfica à informação que chega à entrada FSO. Neste caso, a redundância de informação é introduzida antes do FSO, pelo que são transmitidos mais dados através do canal atmosférico e a taxa de transmissão de informação útil é reduzida. Mas todas as vantagens em termos de imunidade ao ruído e de aumento de potência equivalente mantêm-se.

O principal problema que impede o aumento do alcance das linhas de comunicação laser abertas é a atenuação do sinal na turbulência atmosférica. As repetidas tentativas de alterar a situação com a ajuda de métodos de codificação resistentes ao ruído não produziram um efeito significativo. Uma das razões é a falta de coerência entre os métodos de modulação da radiação ótica escolhidos e os métodos de codificação do canal. A combinação de duas operações homogéneas - modulação de posição e codificação holográfica de posição - num método de modulação holográfica multipulsos de posição-pulsos permite um ganho significativo na imunidade ao ruído e um aumento do alcance das comunicações das ligações de comunicações ópticas atmosféricas.

# 3 Codificação holográfica espetral

Na investigação ótica moderna, os problemas relacionados com o registo, o processamento e a análise das características de amplitude e de fase de sinais ópticos variáveis no tempo de estrutura arbitrária são definidos e resolvidos com base em novas abordagens. Um dos métodos para resolver estes problemas é a introdução de modulação espetral adicional [48]. Uma vez que se trata de informação de amplitude e fase, a solução destes problemas para sinais variáveis no tempo é geralmente efectuada utilizando métodos holográficos, incluindo a holografia espetral [49].

A modulação espetral é aplicável, por exemplo, em sistemas de transmissão de informação sem fios que utilizam sinais de ruído de banda ultralarga. Proporciona uma elevada imunidade ao ruído, compatibilidade electromagnética e a capacidade de transmitir mensagens de informação "profundamente abaixo do ruído" em canais de comunicação com fortes interferências [50].

## 3.1 Codificação espetral

A combinação de dois métodos - codificação holográfica e processamento direto do espetro do sinal no método de codificação holográfica espetral - dá um resultado ainda maior no aumento da imunidade ao ruído dos sistemas de transmissão de informação.

Em [51] foi demonstrada a possibilidade de modulação espetral codificada de um fluxo de símbolos de informação binária e de compressão coerente de sinais de banda larga semelhantes a ruído no recetor, como resultado de um duplo processamento espetral com subsequente restauração da informação transmitida.

A modulação GMSK (Gaussian Minimum Shift Keying) é amplamente utilizada em sistemas de radiocomunicação digital, como o GSM. A GMSK utiliza normalmente um de dois esquemas de modulação - oscilador controlado por frequência ou modulador de quadratura. Os moduladores/demoduladores podem ser analógicos ou digitais, mas em qualquer dos casos há transientes associados ao estabelecimento da frequência, bem como atrasos do filtro de grupo que limitam a duração mínima do trem de impulsos.

Na codificação holográfica espetral com manipulação discreta de frequências, o processo de codificação consiste na formação de N impulsos de rádio em frequências ortogonais (um conjunto de frequências é definido pelo codificador holográfico para cada parcela) através da comutação (manipulação) das saídas de N geradores de sinais harmónicos que trabalham em modo constante. Portanto, não há transientes associados a mudanças de frequência, pois não há filtros de qualquer tipo. A formação do sinal de grupo ocorre pela soma das harmónicas manipuladas na entrada do amplificador do emissor ou diretamente na antena.

Na descodificação, é necessário efetuar a deteção no sinal recebido de cada uma das N frequências utilizadas. Na tecnologia analógica, isto requer N filtros selectivos com uma largura de banda muito estreita. No processamento digital, é necessário digitalizar o sinal recebido (sem filtragem), efetuar uma transformada discreta de Fourier e detetar na parcela recebida a presença ou ausência de cada uma das N frequências. A sequência binária resultante (1 - presença de harmónica, 0 - ausência), que representa o espetro do sinal, é sujeita a descodificação holográfica e dela é extraída a palavra binária transmitida.

A codificação holográfica espetral com manipulação discreta de frequências proporciona ganhos na imunidade ao ruído devido à ação combinada de três mecanismos: manipulação de frequências, codificação espetral e codificação holográfica.

Em [44], é descrita a codificação holográfica resistente ao ruído aplicada a um sinal a transmitir através de um canal de comunicação digital. $^{k}$Um bloco binário de k bits de dados de origem é substituído por uma palavra de código de N bits (N=2 ) que representa um holograma unidimensional linear de uma fonte pontual virtual cuja posição no espaço é determinada pelo valor do bloco codificado.

No entanto, devido à dualidade da representação do sinal, também são possíveis transformações semelhantes no domínio da frequência, aplicáveis ao espetro do sinal. Dependendo das condições de transmissão e das características do canal de comunicação, isto pode proporcionar um ganho na imunidade ao ruído. Um desses métodos é a codificação holográfica espetral.

Em contraste com o método descrito em [44] para codificar um sinal variável no tempo, substituindo a sua forma pela forma do seu holograma virtual, a codificação holográfica espetral cria um sinal com um determinado espetro. A forma do espetro é o mesmo holograma unidimensional cujos valores são arredondados para um bit e representam uma sequência binária (Fig. 3.1).

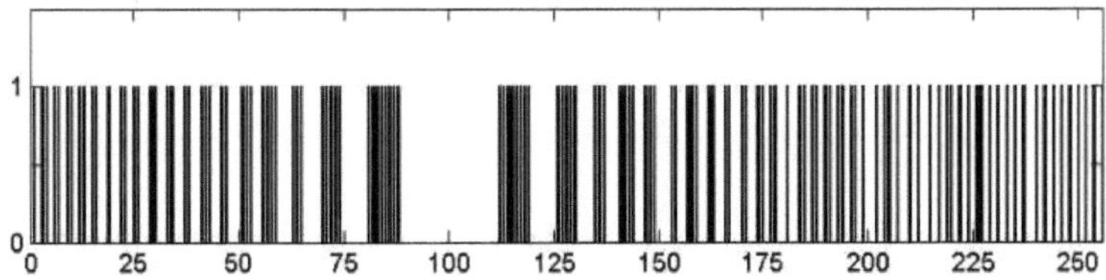

Fig. 3.1. Forma do espetro - holograma linear (sequência de zeros e uns) de comprimento N=256

O valor do bloco codificado é o número da posição do centro do holograma (centro das zonas Fresnel) na palavra de código, neste caso X=100.

Para criar um sinal com um espetro desta forma, é suficiente adicionar um conjunto de harmónicas de igual amplitude com números correspondentes aos números das posições das unidades no holograma. As harmónicas com números correspondentes às posições dos zeros não participam na formação do sinal. Esta operação é uma manipulação de frequência discreta de N harmónicas.

As questões relativas à minimização do erro de transmissão de informação utilizando a modulação posição-pulso multipulsos em canais de comunicação laser são analisadas em [52]. Este método de modulação tem características comuns com a codificação holográfica, uma vez que em ambos os casos é utilizada a codificação de posição.

Se todas as harmónicas tiverem a mesma fase inicial, o sinal total contém uma grande emissão no início e no fim (Fig. 3.2), o que é indesejável por razões energéticas. Por isso, as fases dos harmónicos devem ser distribuídas, por exemplo, de acordo com uma lei aleatória. O sinal, neste caso, tem uma forma semelhante a um ruído (Fig. 3.3).

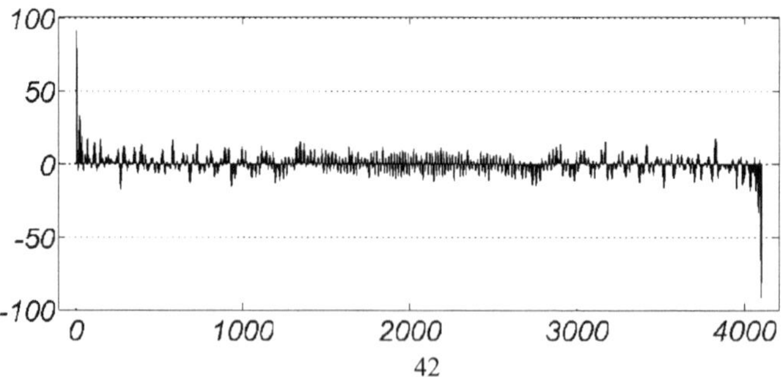

Figura 3.2. Sinal formado pela soma das harmónicas em fase

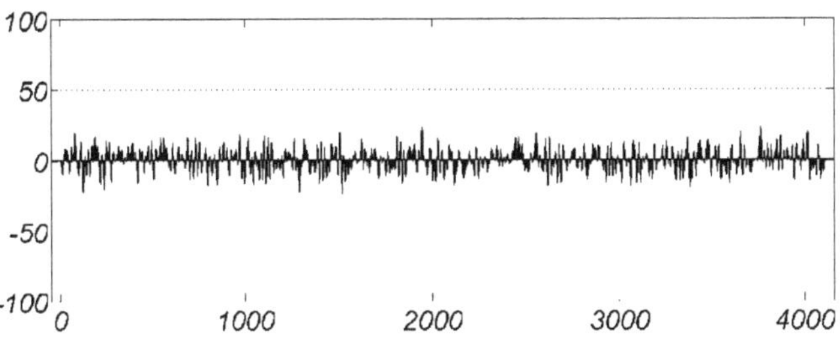


Figura 3.3. Sinal formado pela soma de harmónicas com fase aleatória

Um requisito importante é que a duração do sinal (palavra de código) deve ser igual ao número inteiro de períodos de todos os harmónicos utilizados (neste exemplo - um período do harmónico mais baixo e 256 períodos do mais alto). Neste caso, o espetro do sinal é discreto (linear) e corresponde rigorosamente à Fig. 3.1.

Quando o ruído branco aditivo é sobreposto ao sinal, o espetro do sinal também é distorcido (Fig. 3.4).

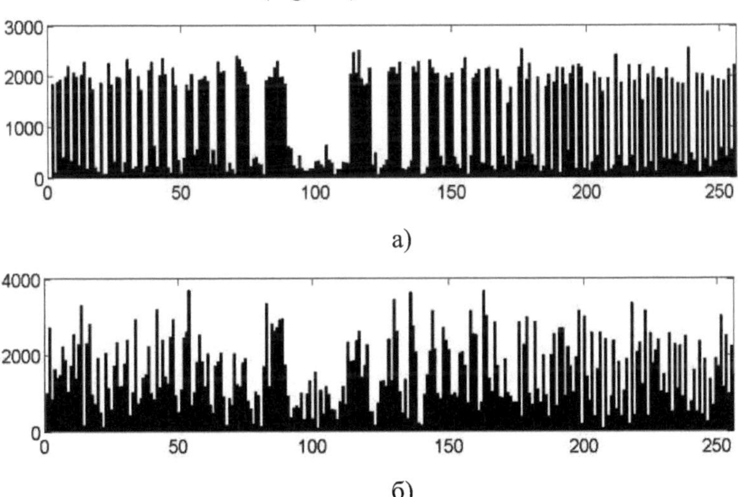

Fig. 3.4. Espectro do sinal na entrada do recetor com uma relação sinal/ruído de +5 dB (a) e -5 dB (b)

## 3.2 Resultados da modelação

O código holográfico espetral foi investigado através da modelação em MATLAB do processo de codificação e transmissão de informação na presença de ruído branco gaussiano.

A descodificação do sinal no recetor foi efectuada através do cálculo do espetro do sinal recebido, tendo-lhe sido aplicada a transformação holográfica inversa, que restaura o número da posição do centro do holograma - o valor do bloco de dados original (Fig. 3.5).

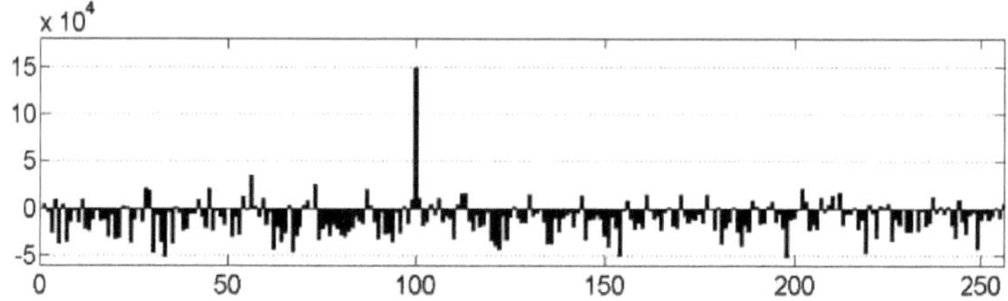


Fig. 3.5. Resultado do restauro do holograma com o rácio sinal-ruído -10 dB

O fator-chave que determina a imunidade ao ruído do método em consideração é a duração relativa do sinal harmónico total. No exemplo em análise, a frequência da harmónica mais elevada é 16 vezes inferior à frequência de amostragem do sinal no recetor. Assim, a probabilidade de um erro de descodificação é de 0,01 a uma relação sinal/ruído de -18 dB. Na Fig. 3.6 apresentam-se os gráficos do sinal e do ruído numa escala para este caso.

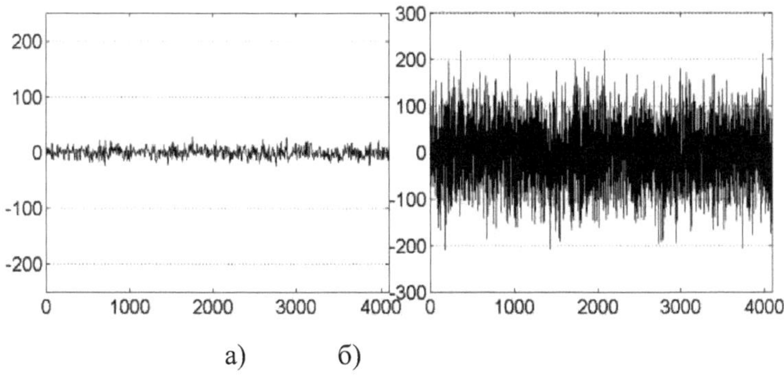


a) б)

Fig. 3.6. Sinal (a) e ruído (b) com uma relação sinal/ruído de -18 dB

O aumento do número de amostras no período da harmónica superior (aumento da frequência de amostragem) aumenta o ganho de imunidade ao ruído.

Para estimar a imunidade ao ruído da codificação holográfica espetral, procede-se à modelação comparativa do processo de transmissão de informação num canal com ruído branco gaussiano aditivo, utilizando códigos amplamente aplicados. Considera-se a dependência da probabilidade de erro de descodificação da relação sinal/ruído num canal para o código Reed-Solomon (código RS), o código Reed-Maller (código RM), o código majoritário, o código holográfico e o código espetral. Para o efeito, os resultados obtidos em [44] são adicionados aos resultados obtidos em [44] para simular o desempenho do código espetral. Em todos os casos, o número de dígitos da palavra-fonte é 8 e o comprimento da palavra-código é de 256 bits (taxa de código R=1/32). Os resultados são apresentados na Fig. 3.7.

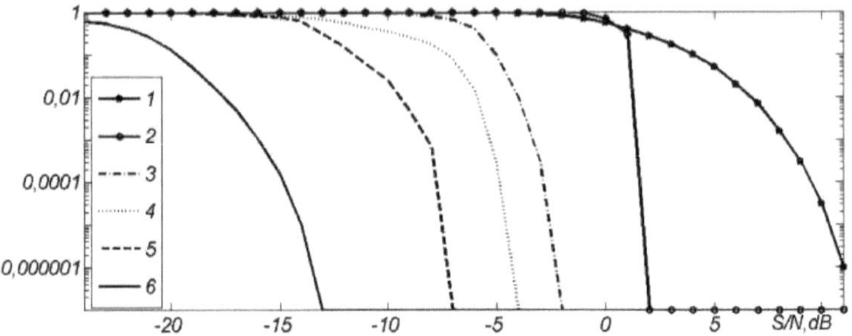


Fig. 3.7. ₀Dependência da probabilidade de erro de descodificação P em relação sinal/ruído à taxa de código R=1/32: 1 - sem codificação, 2 - código RS, 3 - código RM, 4 - código maioritário, 5 - código holográfico, 6 - código espetral

Os gráficos mostram que a codificação holográfica espetral proporciona um ganho na imunidade ao ruído de 7-8 dB em comparação com a codificação direta do sinal.

Outra vantagem do código espetral é a menor complexidade de codificação e descodificação quando a redundância varia numa vasta gama, e o elevado secretismo devido à utilização de um sinal semelhante ao ruído.

O código holográfico espetral tem interesse para a transmissão de informações em canais de baixo nível de sinal, como na transmissão de imagens em canais de comunicação espacial de longa distância, em que a tarefa de receber um sinal fraco no nível de ruído térmico do recetor tem maior prioridade do que a taxa de transmissão.

## 3.3 Utilização da abordagem espetral no tratamento de imagens e de dados arbitrários

Os métodos holográficos são cada vez mais utilizados no processamento de informação, incluindo a utilização dos próprios hologramas e métodos de processamento de matrizes digitais que não são imagens. Todos os tipos de hologramas digitais produzem grandes quantidades de dados, especialmente se capturarem grandes ângulos de visão e objectos com uma profundidade significativa. E se os dados holográficos tiverem de ser transmitidos ou armazenados, os meios de codificação e compressão da informação tornam-se de grande importância.

Existe um grande número de normas de compressão de imagens holográficas, incluindo Jpeg, Jpeg2000, Vp9 e HEVC/H.265 [53]. Em muitos casos, os métodos de compressão de imagens exploram a semelhança entre diferentes partes da imagem nos domínios do tempo e da frequência e preservam fragmentos de dados semelhantes para reduzir o tamanho do ficheiro final com um mínimo de danos na qualidade. Além disso, os métodos de compressão modernos utilizam várias operações matemáticas para a correção de erros. Em [54], é apresentado um algoritmo de compressão híbrido HEVC-Wavelet, que utiliza o núcleo central HEVC e um canal 2D-Wavelet para prever o erro de compressão.

Em [55], é analisado o estado da arte da codificação de dados holográficos e é proposta uma variante do método HEVC baseada na transformada direcional para melhorar a eficiência da compressão e da codificação. Em [56], são investigadas combinações de métodos que consistem na filtragem de frequências do holograma, na divisão do espetro de Fourier do holograma filtrado em partes reais/magnitude e amplitude-fase, na obtenção da sua decomposição wavelet por diferentes transformações e no processamento adicional dos coeficientes wavelet.

Para um processamento eficaz da informação, para além da tarefa de compressão dos hologramas, é necessário assegurar a sua transmissão fiável através de canais de comunicação e/ou armazenamento. O facto de a redundância da informação interna dos hologramas poder ser utilizada tanto para a compressão como para aumentar a imunidade ao ruído em proporções ajustáveis oferece possibilidades interessantes a este respeito.

Em [44] é considerada a utilização da codificação holográfica de dados digitais arbitrários para melhorar a imunidade ao ruído e a fiabilidade da transmissão de informações. Uma outra extensão do campo de aplicação dos métodos holográficos de processamento da informação é a transição para o domínio espetral, a holografia espetral. O processamento direto do espetro espacial de uma imagem é de interesse para tarefas de filtragem, modulação e codificação. Um dos métodos para resolver estes problemas é a introdução de modulação espetral adicional [48]. Uma vez que estão envolvidas informações sobre a amplitude e a fase, a solução destes problemas para sinais variáveis no tempo é geralmente efectuada utilizando métodos holográficos, incluindo a holografia espetral [49]. A modulação espetral é aplicável, por exemplo, em sistemas de transmissão de informação sem fios que utilizam sinais de ruído de banda ultralarga (UWB) [57].

Em [50], propõe-se a modulação do espetro de uma sequência de informação digital que representa um sinal UWB semelhante a ruído e a recuperação da informação no recetor utilizando o processamento espetral.

Em [44], é descrita a codificação holográfica imune ao ruído no espaço de um objeto virtual, o portador da informação. No entanto, devido à dualidade da representação da informação, também são possíveis transformações semelhantes no domínio da frequência, aplicáveis ao espetro espacial do objeto. A combinação de dois métodos - a codificação holográfica e o processamento direto do espetro no método de codificação holográfica espetral - dá resultados ainda mais elevados no aumento da imunidade ao ruído dos sistemas de transmissão e armazenamento, tanto de imagens como de informação arbitrária.

O fator que alarga o âmbito das possíveis aplicações da codificação holográfica é o aparecimento da holografia tensorial [58]. Uma rede neuronal convolucional capaz de sintetizar um holograma numa memória de menos de 1 MB poderá fornecer codificação/descodificação holográfica em tempo real.

Quando as imagens digitais são transmitidas através de canais de comunicação, a imagem é convertida numa matriz linear por varrimento linha a linha. Durante a transmissão, esta matriz é afetada tanto por ruído de banda larga como por interferências de banda estreita. Para proteção contra o ruído, é utilizada uma codificação resistente ao ruído que requer redundância (por exemplo, codificação holográfica). Para eliminar o ruído de banda estreita, é normalmente utilizada a filtragem digital, mas em alguns casos é mais adequado utilizar não a filtragem da imagem distorcida, mas o processamento direto do seu espetro - filtragem espetral.

Em [51], são consideradas operações de filtragem de uma imagem no domínio da frequência utilizando filtros de diferentes perfis. O filtro efectua a multiplicação do espetro espacial da imagem por uma janela espetral expressa pela função W(ω). A transformada inversa de Fourier subsequente gera a imagem processada. Podem ser utilizados algoritmos de adaptação para construir a função de janela espetral [59]. Os filtros altamente eficientes para filtragem do ruído, correção da frequência e filtragem do ruído de impulso podem ser implementados em redes neuronais [60]. No entanto, os algoritmos de adaptação e de redes neuronais, embora tenham uma elevada eficiência, exigem grandes recursos computacionais. Ao mesmo tempo, o processamento direto do espetro espacial de uma imagem é realizado a custos muito mais baixos.

A abordagem espetral permite aumentar a eficiência não só da filtragem, mas também da compressão de imagens e hologramas. A compressão de dados pode ser efectuada de duas formas - com ou sem perda de informação. Uma caraterística distintiva das imagens e, além disso, dos hologramas, como forma de representação da informação, é a presença de uma grande redundância interna. Esta caraterística permite a utilização de métodos de compressão com perda de informação, se as perdas não excederem os limites permitidos.

Apesar da disponibilidade de um grande número de métodos de compressão de imagens [61-65], a tarefa de encontrar métodos de compressão mais eficientes com menor complexidade computacional continua a ser relevante. A transição do espaço de imagem para o domínio da frequência espacial pode proporcionar essa possibilidade.

Ao considerar os sinais utilizados como suportes de imagem em algoritmos de compressão com perdas para selecionar um conjunto ótimo de parâmetros de algoritmo para minimizar as perdas, é necessário ter em conta as características das imagens, tanto no domínio espacial como no domínio da frequência. Para este efeito, pode ser utilizada a decomposição em frequência (Fourier, wavelet, etc.) ou a interpretação geométrica [62]. Uma dessas abordagens, a compressão de hologramas de fase utilizando o treino de redes neuronais profundas, é discutida em [66].

O método de compressão JPEG amplamente utilizado, que utiliza a transformada discreta de cosseno (DCT) implementada pela matriz

$$ {}_{n}\mathrm{DCT\text{-}2} = [\cos(k(l+1/2)\pi/n)]_{0\leq k,l<n} . $$

Para esta variante DDC de vetor de dimensão fixa, existem algoritmos para minimizar o número de operações de multiplicação.

A utilização de transformadas wavelet (WTs) permite obter um rácio de compressão mais elevado através da remoção de pequenos detalhes da imagem. De grande importância é a escolha de um método de partição espaço-frequência do espetro EP, por exemplo, através da decomposição adicional de sub-bandas de alta frequência para obter uma base óptima [63]. $_k$ Para melhorar a eficiência da decomposição, pode ser utilizada a adaptação da base ao conteúdo da imagem com uma estimativa quantitativa da entropia do sinal pela base y do pacote de wavelets [64]:

$$H = -\sum_{k} y_k^2 \ln(y_k^2).$$

A compressão de imagens utilizando DCT e EP requer uma quantidade bastante grande de operações matemáticas adicionais. Ao mesmo tempo, existe a possibilidade de reduzir os custos de computação através do processamento do espetro de frequências espaciais das imagens. Além disso, é possível aumentar ainda mais a eficiência dos sistemas de formação e transmissão de imagens digitais através de canais de comunicação devido à utilização complexa de algoritmos de compressão e codificação resistentes ao ruído [67-69].

Outro método que pode ser utilizado para melhorar a eficiência da codificação e compressão de imagens tolerantes ao ruído é a deteção comprimida (compressed sensing - CS). Trata-se de um método para a aquisição e recuperação eficientes de informações, encontrando soluções para um sistema subdeterminado, com base no princípio de que a recuperação de funções esparsas requer menos amostras do que o exigido pelo teorema da amostragem [70,71]. Em termos estritos, o método CS permite uma recuperação com perdas, pelo que a área mais vasta das suas aplicações está relacionada com o processamento de imagens. Ao mesmo tempo, a codificação holográfica de informação digital arbitrária é acompanhada pela introdução de redundância, o que torna possível aplicar a CS também ao processamento de sinais digitais que não permitem informação com perdas. Assim, os métodos de codificação holográfica e de compressão espetral de imagens podem ser considerados como pertencentes à classe dos métodos de deteção com compressão.

## 3.4 Codificação espetral de informação digital arbitrária

$^{k}$No método de codificação holográfica imune ao ruído descrito em [44], um bloco binário de k bits de dados da fonte é substituído por uma palavra de código de N bits (N=2 ) que representa um holograma linear unidimensional de uma fonte pontual virtual cuja posição no espaço virtual é determinada pelo valor do bloco codificado. Ao contrário deste método, que utiliza, em vez do bloco de dados (objeto-fonte), o seu holograma virtual, na codificação holográfica espetral é criada uma função com um determinado espetro. A forma do espetro neste caso é o mesmo holograma unidimensional, cujos valores são arredondados para um bit e representam uma sequência de zeros e uns - um um na i-ésima posição significa a presença no espetro do i-ésimo harmónico, zero - ausência.

Para criar uma função y(mT) com um espetro tão linear, basta adicionar um conjunto de harmónicas de igual amplitude com números correspondentes ao número de posições unitárias no holograma:

$$y(mT) = \sum_{i=1}^{N} (G(i) \cdot \sin(2\pi(m / M) \cdot i + r(i) \cdot 2\pi)),$$

em que G(i) é a matriz linear do holograma, N é o número de harmónicas, M é o número de amostras do sinal, r(i) é um número aleatório no intervalo 0...1.

Os harmónicos com números correspondentes às posições dos zeros não participam na formação da função y(mT). Esta operação é um tipo de multiplexagem por divisão ortogonal de frequências (OFDM), caracterizada pelo facto de as frequências das N subportadoras ortogonais serem múltiplas e de a manipulação da amplitude ser utilizada como modulação digital.

Como resultado, é sintetizada uma função com um espetro linear que representa um holograma do objeto original (Fig. 3.8).

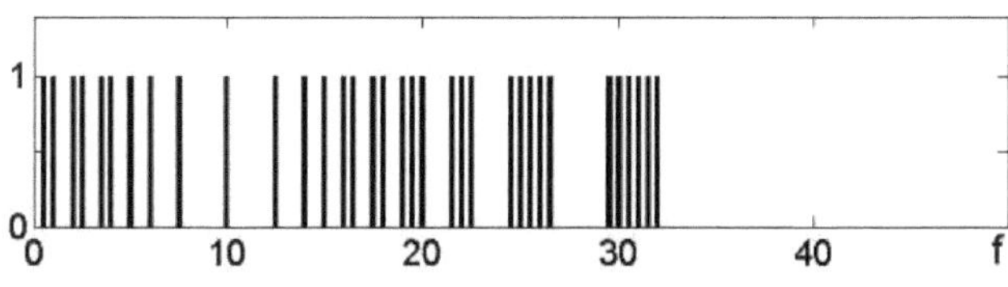


Figura 3.8. Espectro - holograma

O procedimento de síntese da função y(mT) pode ser implementado por hardware na forma analógica, se a razão inteira de todas as frequências para o primeiro harmónico for rigidamente mantida. No entanto, em muitos casos é mais exato e mais fácil realizar a síntese digital, que pode ser implementada de duas formas. O primeiro método é a adição algébrica de N harmónicas que formam o espetro-holograma, o segundo método é a transformada rápida inversa de Fourier do espetro sintetizado.

Há um requisito para a duração da função y(mT) - deve ser pelo menos um período da primeira harmónica. A duração de um valor maior não afecta a imunidade ao ruído da codificação, mas aumenta proporcionalmente a quantidade de informação processada.

Uma caraterística importante é o fator de pico da função y(mT), que atinge um máximo nos harmónicos em fase. O valor mais elevado do fator de pico impõe requisitos mais elevados à linearidade do amplificador para evitar o aumento das emissões fora de banda e a redução da imunidade ao ruído do canal de comunicação [72-74]. O melhor resultado é obtido quando as fases harmónicas são distribuídas de acordo com uma lei aleatória. Neste caso, a função y(mT) tem uma forma semelhante ao ruído.

Para realizar a transformação inversa e restaurar o objeto através da função y(mT), calcula-se o seu espetro. Neste caso, para construir o espetro, utiliza-se um fragmento normalizado pela duração, contendo um número inteiro de períodos de cada harmónica - um período da primeira harmónica, dois períodos da segunda harmónica e assim sucessivamente até N períodos da harmónica com o número N. O cumprimento deste requisito permite obter um espetro linear que não contém harmónicas laterais. Este requisito limita a duração da função y(mT) por baixo, mas não impõe restrições por cima.

A matriz digital que representa o espetro é tratada como um holograma unidimensional do objeto digital original e é descodificada utilizando o método holográfico descrito em [44].

A tradução da codificação holográfica do espaço-objeto para o domínio da frequência espacial proporciona um ganho adicional na imunidade ao ruído. Para estimar a imunidade ao ruído da codificação holográfica espetral, é efectuada a modelização comparativa do processo de sobreposição de ruído branco gaussiano aditivo na utilização de códigos amplamente aplicados. A escolha do período de amostragem da imagem na presença de ruído deve ser efectuada tendo em conta não só as características da imagem a registar, mas também o nível de ruído [75].

Na fig. 3.9 apresentam-se as dependências da probabilidade de erro de descodificação Po em relação à relação sinal/ruído para o código Reed-Solomon (código RS), o código Reed-Maller (código RM), o código majoritário e o código holográfico obtidos em [44], complementados por resultados de modelização para o código espetral. A modelização foi efectuada para uma palavra de 8 bits dos dados iniciais com um comprimento de palavra de código de 256 bits (taxa de código R=1/32).

Os gráficos mostram que a codificação holográfica na região do espetro espacial proporciona um ganho de imunidade ao ruído de 7-8 dB em comparação com a codificação no espaço do objeto.

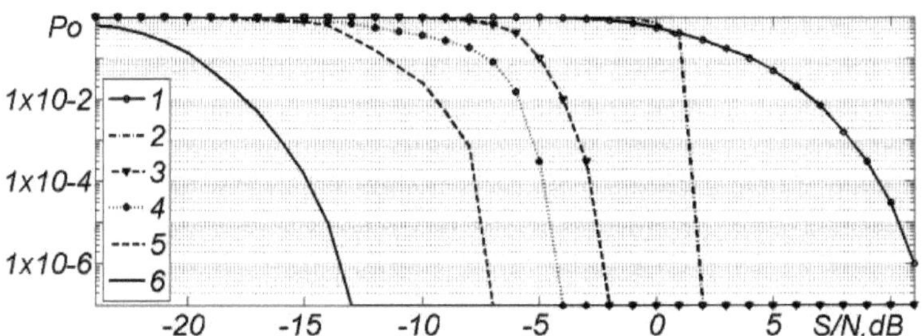


Fig. 3.9. Dependência da probabilidade de erro de descodificação Po na relação sinal/ruído: 1 - sem codificação, 2 - código PC, 3 - código RM, 4 - código majoritário, 5 - código holográfico, 6 - código espetral

Outra vantagem do código espetral é a menor complexidade computacional para uma vasta gama de taxas de código.

O código holográfico espetral pode ser utilizado, por exemplo, na transmissão de imagens através de canais de comunicação espacial de longa distância, quando a tarefa de receção sem erros de um sinal fraco ao nível do ruído térmico do recetor tem maior prioridade do que a taxa de transmissão.

## 3.5 Processamento de imagens espectrais

As operações com o espetro espacial das imagens permitem efetuar filtragem e correção de imagens (desfocagem, nitidez, ajuste de brilho e contraste, etc.), bem como operações algoritmicamente mais complexas, como a compressão de imagens.

A forma mais simples de realizar a filtragem da interferência de banda estreita é efetuar uma transformada discreta de Fourier, no espetro digital resultante, eliminar as frequências em que a interferência está presente e realizar a transformada inversa de Fourier. Se o problema for resolvido por filtros digitais, se for necessário remover vários harmónicos em diferentes partes do espetro, a ordem total dos filtros aumenta proporcionalmente, mas os custos computacionais para a realização da filtragem espetral permanecem os mesmos - transformada de Fourier direta e inversa.

A compressão espetral tanto de hologramas como de imagens é mais conveniente de avaliar no exemplo das imagens. Considere-se uma imagem de teste que contém áreas bastante grandes com uma mudança de brilho suave e um grande número de pequenos pormenores (Fig. 3.10).

O estudo da imagem e do seu espetro, a modelação da compressão espetral foram efectuados em ambiente MATLAB.

Fig. 3.10. Imagem original

O espetro espacial da imagem de teste é apresentado na Fig. 3.11. d3.11. Para processamento posterior, precisamos de um espetro digital na banda de frequência de 0 à frequência de amostragem f, pelo que o espetro da Fig. 3.11 contém as cópias principal e inversa.

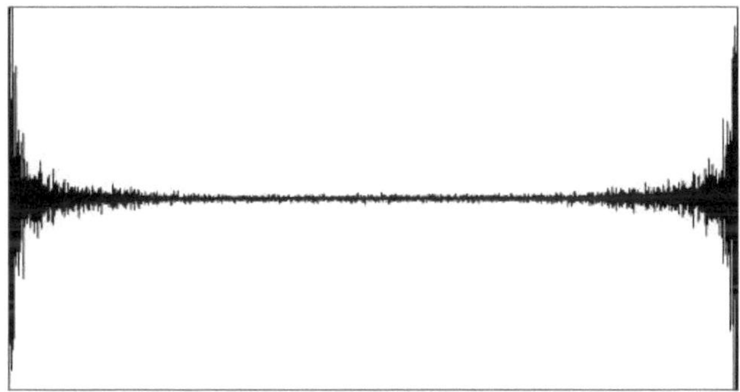

Fig. 3.11. Espectro espacial

Uma forma óbvia de reduzir a quantidade de informação registada é apagar a parte menos significativa do espetro (neste caso, a parte de alta frequência), por exemplo, como se mostra na Fig. 3.12, apagando a metade de alta frequência do espetro na gama de frequências de f /4 a f /2. dddd3.12, apagando a metade de alta frequência do espetro na gama de frequências de f /4 a f /2. Todas as operações efectuadas na parte principal do espetro devem ser espelhadas na cópia inversa, ou seja, nesta parte são apagadas as frequências de f /2 a 3f /4.

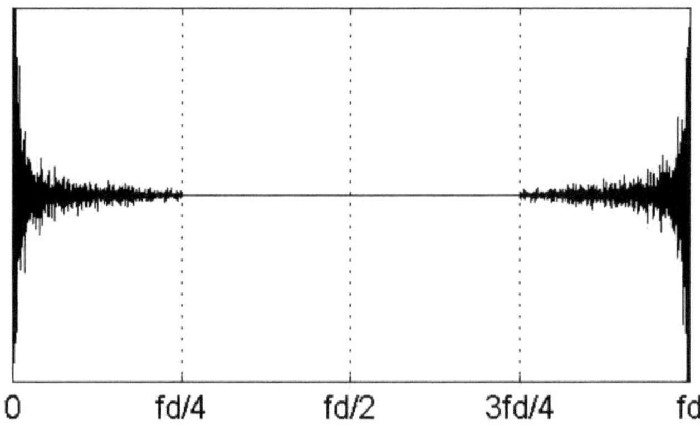


Fig. 3.12. Remoção da parte de alta frequência do espetro

Uma análise mais pormenorizada da estrutura do espetro pode proporcionar oportunidades adicionais para reduzir a quantidade de informação. Com uma ampliação suficientemente grande, nota-se que o espetro tem uma estrutura periódica com o número de elementos igual ao número de linhas na imagem (Fig. 3.13).

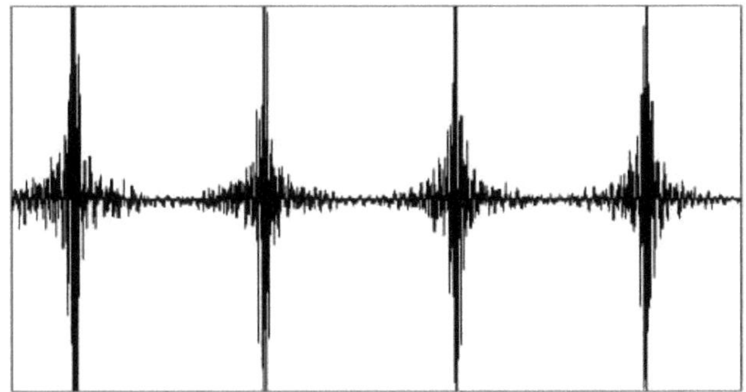

Fig. 3.13. Estrutura periódica do espetro

Em cada elemento desta estrutura, a parte central é de baixo nível, tem pouco efeito na qualidade da imagem completa e pode, por conseguinte, ser reduzida - na Fig. 3.14 foi removida metade de cada período.

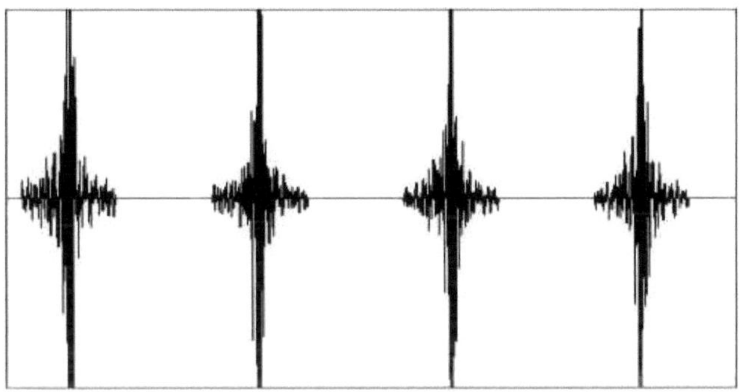

Fig. 3.14. Supressões em fragmentos periódicos do espetro

Assim, a remoção da metade de alta frequência de todo o espetro e da metade central de cada elemento periódico dá uma redução total da quantidade de informação na imagem por um fator de 4. Ao mesmo tempo, a qualidade da imagem diminui de forma insignificante (Fig. 3.15).

Para formar um ficheiro de imagem comprimida, é necessário, após a remoção dos fragmentos do espetro, compactar os fragmentos restantes e gravá-los como uma única matriz. Assim, o formato da imagem comprimida é um espetro reduzido e compactado da imagem original. Para restaurar a imagem, é necessário mover os fragmentos do espetro para os seus lugares originais e efetuar a transformada inversa de Fourier.

Fig. 3.15. Imagem comprimida 4 vezes

Na transmissão de imagens e dados digitais arbitrários através de canais de comunicação, a codificação tolerante ao ruído é de grande importância para proteção contra o ruído de banda larga e as interferências de banda estreita. A abordagem espetral da codificação e compressão da informação permite reduzir os requisitos dos recursos computacionais e utilizar o ganho resultante da redução do volume de informação transmitida para introduzir redundância na codificação resistente ao ruído, por exemplo, através de código holográfico, e essencialmente aumentar a fiabilidade da transmissão da informação.

# 4 Transmissão de informação digital sob a forma de imagens através de fibras ópticas multimodo

A capacidade das linhas de comunicação de fibra ótica está a aumentar continuamente. Em 2020, será atingida uma velocidade de 178 Tbit/s para a fibra monomodo na transmissão de informação digital [76]. $^{-15}$Simultaneamente, na ótica, a transmissão de imagens ocorre a uma velocidade incomparavelmente superior - uma imagem completa é transportada no espaço por uma frente de onda durante um período de uma onda luminosa (2x10 s).

A ideia de transmitir uma imagem através de uma fibra multimodo surgiu pouco depois do advento da fibra ótica [77]. Esta utilização de uma guia de ondas multimodo requer a capacidade de distribuir a informação da imagem entre modos individuais na entrada da guia de ondas de uma forma controlada, e depois extraí-la de uma forma ordenada na saída. As fibras ópticas multimodo são muito promissoras para aumentar a capacidade de transmissão de dados, nomeadamente em aplicações como os sistemas de comunicações ópticas [78], os lasers de fibra [79] e a imagiologia endoscópica [80-84]. No entanto, as distorções de fase (atrasos) na propagação da luz impedem a preservação dos pormenores da imagem [85]. O maior problema da transmissão de imagens através de uma fibra multimodo é a sua dispersão modal, uma vez que os atrasos de fase (tempo) conduzem a uma perturbação significativa da imagem transmitida, que começa já a curtas distâncias, mesmo em fibras rectas ideais [86].

O objetivo deste trabalho é aumentar a taxa de transmissão de informação digital sob a forma de imagens através de fibra multimodo, proporcionando uma maior resistência à dispersão de modo.

## 4.1 Métodos de transmissão de imagens através de fibras multimodo

Para as fibras multimodo escalonadas, existe uma fórmula para o cálculo aproximado do número de modos [87]

$\approx^2$M V /2, (1)

em que V é a frequência normalizada definida como

$_1\lambda$V = $2\pi$r NA/ , (2)

$_1$onde NA é a abertura numérica da fibra, r é o raio do núcleo da fibra, $\lambda$ é o comprimento de onda da radiação. $_{12}$Em [87], descreve-se um modelo de propagação de imagens numa fibra multimodo para o caso em que a distância entre o objeto fotografado e a abertura da fibra é várias ordens de grandeza superior a $\lambda$, e assume-se a aproximação de uma fibra fracamente guiada quando a diferença entre o índice de refração do núcleo n e o revestimento n é inferior a 1% - tal aproximação permite-nos passar ao formalismo dos modos linearmente polarizados (LP). Neste caso, podemos assumir que apenas os raios paraxiais se propagam através da fibra, e o campo que se propaga ao longo da fibra pode ser descrito como

$$E(r,\phi,z) = \begin{cases} \sum_{n,m} a_{nm}\psi_{nm}(r,\phi)\exp(-j\beta_{nm}z), & r \le r_1 \\ 0, & r > r_1 \end{cases} \quad (3)$$

onde

$$\psi_{nm}(r,\phi) = \frac{J_n(k_{nm}r)\exp(jn\phi)}{N_{nm}^{1/2}} \quad (4)$$

$_{nmnmnm}$Os modos da fibra são descritos por funções de Bessel, n e m representam a ordem azimutal e radial, respetivamente; N é o integral de normalização; a é o fator de ponderação do modo dependendo da distribuição espacial da radiação incidente, $\beta$ é a constante de propagação, diferente para cada modo, causando uma diferença de fase entre os modos, que é a causa da dispersão do modo. Como já foi referido, na aproximação à fibra fracamente guiada, podemos considerar modos LP obtidos por uma combinação de modos eléctricos transversais (TE), magnéticos transversais (TM) e eléctricos híbridos (HE) com a mesma constante de propagação β - os modos são ditos degenerados. 1 2Estes modos satisfazem a relação de dispersão geral obtida por simplificação da equação caraterística em n ≈ n :

$$\frac{uJ_m(u)}{J_{m+1}(u)} = -\frac{\varpi K_m(\varpi)}{K_{m+1}(\varpi)}, \tag{5}$$

mmem que J (u) e K (ϖ) são funções de Bessel de primeiro e segundo tipo de ordem m, respetivamente, que descrevem o campo de modos no núcleo e na casca, e os parâmetros u e ϖ são definidos como

$$\begin{aligned} u &= r_1\sqrt{(k_0 n_1)^2 - \beta^2}, \\ \varpi &= r_1\sqrt{\beta^2 - (k_0 n_2)^2}, \end{aligned} \tag{6}$$

0em que k = 2π/λ é o número de onda. 0111010111Neste caso, a degenerescência dos modos implica um forte acoplamento dos modos dentro do mesmo grupo de modos (por exemplo, o modo LP é formado pelo GE e PE), mas a mistura de modos entre grupos diferentes (por exemplo, entre LP e LP) será muito menor. No entanto, nas fibras multimodo de quartzo, observa-se um forte acoplamento de modos já a distâncias da ordem dos 300 m [88]. O forte acoplamento de modos significa uma redução da dispersão de modos, o que é muito relevante no âmbito do problema considerado.

Em [84], foi proposto um algoritmo de cálculo e correção da dispersão modal baseado na separação e igualização da contribuição de cada modo. Com base em simulações, conclui-se que o algoritmo funciona tanto com fibras de índice de refração escalonado como com fibras de índice de refração suave, bem como com fibras de qualquer comprimento. Em [89], considera-se o problema da melhoria da eficiência da entrada da potência espetral da radiação na fibra e propõe-se a codificação do espetro para formar um sinal de banda larga, o que equivale a substituir a multiplexagem por comprimento de onda pela multiplexagem por divisão de código. Em [90], são analisadas as tentativas feitas para contornar as limitações impostas pela dispersão de modos e são destacadas três abordagens. A primeira consiste na compensação da diferença de fase de diferentes modos através da alteração da estrutura da guia de ondas, a segunda consiste na equalização da velocidade de fase através da criação de uma estrutura especial do campo eletromagnético transmitido através da guia de ondas e a terceira consiste na utilização de uma codificação de imagem especial na entrada da guia de ondas e na descodificação inversa na saída. Note-se que estes métodos não deram um avanço significativo na resolução do problema. Ao mesmo tempo, mostra-se que os modos da guia de ondas são funções próprias da transformada de Fourier e propõe-se transmitir através da guia de ondas não a imagem em si, mas o seu espetro de Fourier formado pela lente. O facto de as componentes de Fourier do campo eletromagnético, ao propagarem-se ao longo da guia de onda em condições de paraxialidade forçada, não poderem divergir no espaço conduz à independência do poder de resolução do sistema em relação ao comprimento da guia de onda. Como resultado, [90] concluiu que a transição para o espetro espacial pode permitir a transmissão de imagens a uma distância ilimitada, podendo ser adicionados elementos ópticos difractivos especiais para igualar as velocidades de fase e eliminar as interacções intermodais (no caso de deformações da fibra) [91].

A principal desvantagem da utilização de um elemento ótico de imagem, como uma lente, é o facto de ser necessária uma pré-calibração do sistema ótico. É utilizada uma base de dados de pares entrada/saída de calibração, armazenada digitalmente, para obter imagens da saída da fibra. Se ocorrerem quaisquer alterações no sistema ótico após a recolha dos dados de calibração, os parâmetros do sistema deterioram-se rapidamente. Em particular, a curvatura da fibra é um fator limitativo importante para estes sistemas [92]. Vários trabalhos propuseram outra abordagem para aproximar a função de transmissão desconhecida de uma fibra multimodo, que consiste em enviar uma grande quantidade de dados de entrada (não necessariamente ortogonais) sobre os graus de liberdade do sistema e recolher os dados de saída para aprender as propriedades de transmissão utilizando uma rede neural de aprendizagem profunda [93-97]. Talvez o mais importante seja o facto de a deriva das características do sistema (como a flexão) poder ser incorporada no conjunto de treino e conduzir a uma maior fiabilidade do desempenho. Em [94], foi demonstrada a captação de imagens das flutuações térmicas e mecânicas de uma fibra de 1 km de comprimento utilizando uma rede neuronal.

No entanto, apesar das numerosas tentativas feitas neste domínio, o problema da transmissão qualitativa de imagens suficientemente complexas através da fibra não foi resolvido até à data. Ao mesmo tempo, uma outra possibilidade de utilizar o potencial limitado da fibra multimodo como canal de transmissão (número relativamente pequeno de modos paraxiais, elevado nível de dispersão dos modos e outras distorções) continua a ser insuficientemente investigada - a possibilidade de aumentar a velocidade de transmissão de informação digital arbitrária através da fibra ótica.

## 4.2 Transmissão de informação digital

Uma forma de aumentar o débito de transmissão é aumentar o número de canais paralelos utilizando a multiplexagem por divisão espacial (SDM) [98]. Este método utiliza a extensão espacial transversal da fibra multimodo para criar canais de dados paralelos. No entanto, uma qualidade de ligação aceitável, com um nível aceitável de erros devidos à dispersão de modo e às perdas na fibra, só é obtida a curtas distâncias. Em [99] foi considerada e confirmada experimentalmente a transmissão de sinais com multiplexagem espacial na fibra ótica até 1 km de comprimento, embora para o efeito tenha sido necessário utilizar uma fibra de modo pequeno com três fluxos espaciais. Esta solução pode muito bem ser utilizada para organizar uma rede de distribuição ótica em edifícios. Em [100, 101] são considerados métodos de redução da interferência intermodal, que permitem aumentar o número de modos na fibra de pequeno modo até 10 ou mais.

Apesar dos sucessos nesta direção, a tarefa de desenvolver métodos mais eficazes de utilização da fibra multimodo para a transmissão de informação a alta velocidade continua a ser relevante. Consideremos a tecnologia de transmissão de imagens sobre fibra multimodo para a transmissão de informação digital de tipo arbitrário. A solução óbvia é converter a matriz digital a transmitir numa imagem. No entanto, há dificuldades nesta via devido à diferença de critérios utilizados para avaliar a qualidade da transmissão de imagens destinadas à perceção visual e à transmissão de uma matriz digital arbitrária para posterior processamento por máquina. No primeiro caso, são permitidas distorções suficientemente grandes e a avaliação da qualidade é subjectiva, enquanto no segundo caso é necessária a coincidência bit a bit da matriz transmitida e recebida. Em condições de transmissão multimodo no sinal transmitido, as distorções são introduzidas pela dispersão dos modos, pela interferência intermodal (que surge, por exemplo, em deformações de uma fibra), por uma guia de ondas que desempenha o papel de filtro de frequência espacial, pela rasterização da imagem devido à discretização de um espetro de Fourier e por outras fontes. Por conseguinte, é necessária uma forma especial de representação da matriz digital como uma imagem.

Para aumentar a estabilidade da informação transmitida aos erros e distorções que ocorrem durante a transmissão, é interessante transmitir ao longo da fibra não a imagem correspondente à matriz digital de entrada, mas o seu holograma, e utilizar a propriedade específica da holografia - a divisibilidade do holograma, que permite a restauração da imagem original através de um holograma altamente distorcido. A utilização do holograma para melhorar a imunidade ao ruído das linhas de comunicação ótica atmosférica é descrita em [102]. No entanto, nestes casos, a informação é transmitida através de um canal de comunicação em série, pelo que é utilizada uma matriz unidimensional de dados de origem e um holograma unidimensional. Para utilizar um holograma como forma de representação de imagem, o holograma deve ser bidimensional e servir como uma imagem codificada da matriz digital a transmitir.

As possibilidades de utilização de hologramas no processo de transmissão de imagens em fibra multimodo foram investigadas em [103-108]. Em [103] é demonstrado que um conjunto de hologramas individuais, cada um dos quais cria um ponto-alvo, pode ser combinado numa sobreposição complexa para a geração rápida de múltiplos pontos. Em [104], é descrito um sistema que compensa dinamicamente, com um holograma digital, a instabilidade do apontamento do feixe, as perturbações externas que introduzem aberrações de baixa ordem e as flutuações na fase relativa dos modos suportados pela fibra. Em [105-107], considera-se o problema que surge nas pinças ópticas holográficas, em que os hologramas de fase para uma única armadilha são facilmente calculados, e mostra-se que, para armadilhas múltiplas, se pode obter uma distribuição de intensidade próxima da sobreposição das intensidades dos hologramas individuais [108].

Em todos estes casos, o holograma contém informações sobre a imagem original incorporadas no brilho comparativo dos pontos de imagem. Por conseguinte, o holograma transmitido é afetado pela dispersão modal, interferência intermodal, flutuações de temperatura e mecânicas da fibra na mesma medida que a imagem original. Para aumentar a estabilidade da informação transmitida aos erros causados por todos estes factores, em [44] foi proposta a utilização de um código de posição única em vez de um código binário para representar o bloco inicial de informação digital. Neste caso, o objeto ótico para o qual o holograma é construído é uma fonte pontual sobre um fundo preto e a informação é incorporada nas coordenadas de um ponto no campo do objeto. O brilho do objeto é indiferente, pelo que um bit (0 ou 1) é suficiente para o especificar. O resultado da codificação é o holograma mais simples - uma placa de zona Fresnel, cujas coordenadas do centro contêm a informação codificada e cuja imagem é transmitida ao longo da fibra. No recetor, o objetivo da descodificação não é a restauração do brilho de cada ponto do holograma transmitido, mas o cálculo das coordenadas do centro das zonas de Fresnel. Exatamente por isso, este método é altamente estável a todos os tipos de distorções da imagem transmitida.

Consideremos a possibilidade de transmissão de informação digital bloco a bloco através de uma fibra multimodo, em que cada bloco corresponde à imagem de uma placa de zona, cujas coordenadas do centro são definidas pelo bloco transmitido. Por exemplo, um bloco de dados de 10 bits é dividido em duas coordenadas de 5 bits de um ponto luminoso numa imagem de fonte preta de tamanho 32x32, que tem 1024 pixels. O centro das zonas Fresnel (do holograma transmitido) tem as mesmas coordenadas. Obviamente, o número de pixéis do holograma não deve exceder o número de modos da fibra.

A imagem do holograma é transmitida ao longo da fibra por um dos métodos considerados de transmissão multimodo e sofre todos os tipos de distorções inerentes ao método escolhido.

Para restabelecer o valor da matriz original no lado da receção, o holograma obtido à saída da fibra deve ser sujeito a uma transformação inversa. Isto pode ser feito opticamente, criando um padrão de interferência no plano da matriz de fotodetectores e determinando as coordenadas do ponto mais brilhante. A operação de restauração da matriz inicial pode também ser efectuada digitalmente, processando a imagem do holograma recebido fixada pela matriz de fotodetectores. O tamanho reduzido do holograma transmitido (não mais de 1 kbit - uma matriz de 32x32 pontos de um só bit) permite fazê-lo com recursos simples de hardware.

## 4.3 Resultados da modelação

No processo de transmissão do holograma através de uma fibra multimodo, este é sujeito a distorções de fase devido à presença de dispersão de modos, para além de distorções devidas à sensibilidade inerente da fibra a perturbações térmicas, acústicas e mecânicas. Todas estas razões acabam por conduzir a erros na matriz digital transmitida - inversão de pixéis de um só bit do holograma digital recebido. Por conseguinte, o critério mais completo da qualidade da transmissão de informação digital é a comparação bit a bit da matriz digital transmitida e recebida, avaliada pela dependência da probabilidade de recuperação de erros da matriz recebida em relação à intensidade dos erros de bit no canal de transmissão.

A modelação da transmissão de informação digital sobre fibra multimodo é efectuada em ambiente MATLAB. O algoritmo implementado contém as seguintes operações:

- Transformar um bloco de dados de entrada numa imagem (objeto virtual)
- Construir um holograma de um objeto
- Introdução de erros aleatórios devidos à dispersão de modos e outras causas no holograma digital
- Reconstrução digital de um objeto a partir de um holograma
- Converte uma imagem de objeto num bloco de dados digitais de saída.

O bloco de dados de entrada é uma palavra binária de 10 bits, que é utilizada para definir as coordenadas X,Y de um único ponto com o nível "1" na imagem do objeto de tamanho 32x32, sendo que todos os outros pontos têm valor zero (Fig. 4.1a). Holograma do objeto - imagem da placa de zona, na qual o centro das zonas Fresnel tem as coordenadas X,Y de um único ponto do objeto (Fig. 4.1b).

a)

б)

Figura 4.1. Imagem e holograma do objeto.

Imagem do objeto (a), holograma do objeto (b)

O resultado da restauração da imagem do objeto a partir do holograma (função de brilho no plano de formação da imagem restaurada) na ausência de distorção é apresentado na Fig. 4.2. 4.2.

A imagem reconstruída do objeto, como se pode ver na Fig. 4.2, contém ruído de fundo devido à finitude do número de elementos do holograma digital. Este efeito também se manifesta no próprio holograma (Fig. 4.1b) - um holograma analógico seria constituído por anéis concêntricos. Mas a presença de ruído não impede a determinação exacta das coordenadas do ponto mais brilhante na imagem reconstruída do objeto e permite fazê-lo com uma grande margem de imunidade ao ruído.

Ao modelar o processo de transmissão da imagem ao longo da fibra, a informação transmitida foi distorcida por erros aleatórios. O holograma do objeto que contém 30% de erros é apresentado na Fig. 4.3.

O resultado da restauração da imagem do objeto a partir do holograma distorcido é apresentado na Fig. 4.4.

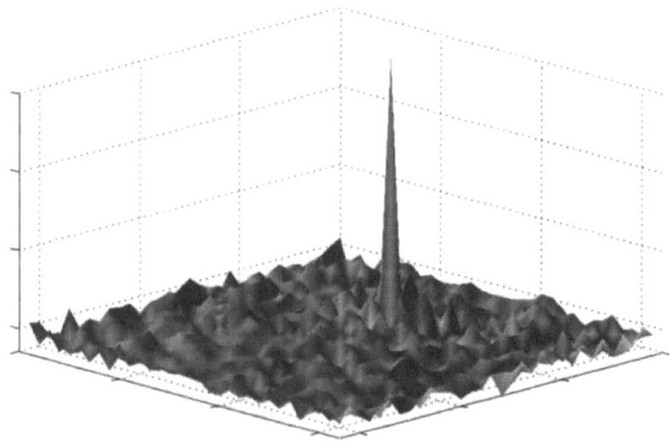

Figura 4.2. Função de brilho R(X, Y) do objeto reconstruído

Figura 4.3. Holograma distorcido

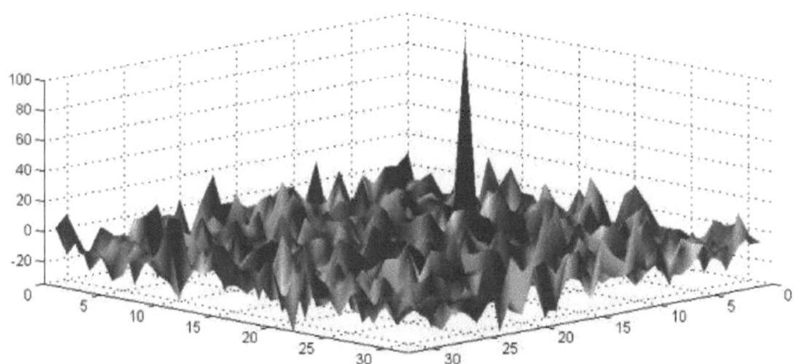


Fig. 4.4 Função de brilho R(X, Y) do objeto reconstruído a partir do holograma distorcido

Como mostra a Fig. 4.4, a distorção de 30% da área do holograma, apesar do aumento do nível de ruído, não impede a determinação inequívoca das coordenadas do ponto mais brilhante e, portanto, não leva à distorção da informação transmitida.

Foi investigada a dependência da probabilidade de recuperação sem erros do bloco de dados de entrada em relação ao grau de distorção do holograma. O número de ensaios foi escolhido de modo a obter uma estimativa estável da probabilidade de erro. Verificou-se que, para uma dimensão de holograma de 32x32, a probabilidade de recuperação correcta é de 0,9997 na presença de 40% de erros no holograma.

O volume de informação transmitida é determinado pelo número de bits do bloco de dados de entrada e, na variante considerada, é de 10 bits. A quantidade de informação transmitida por uma imagem pode ser aumentada através da introdução de vários blocos de dados ao construir a imagem do objeto. A Fig. 4.5a mostra a imagem de quatro blocos de dados, na Fig. 4.5b está o seu holograma e a Fig. 4.6 é o resultado da reconstrução.

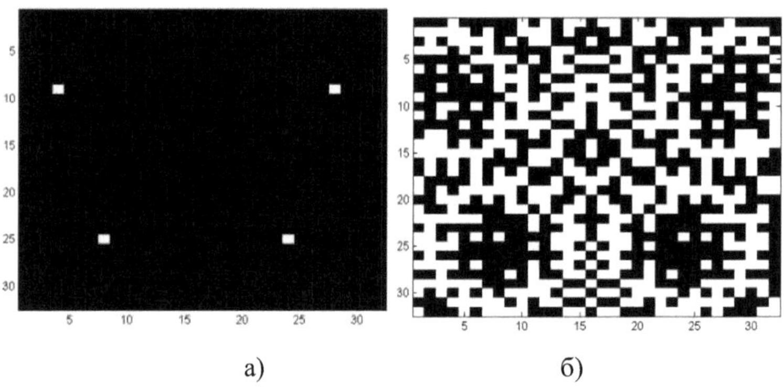


Figura 4.5. Imagem de um objeto e respetivo holograma. Um objeto constituído por quatro blocos de dados (a), um holograma de um objeto constituído por quatro blocos de dados (b)

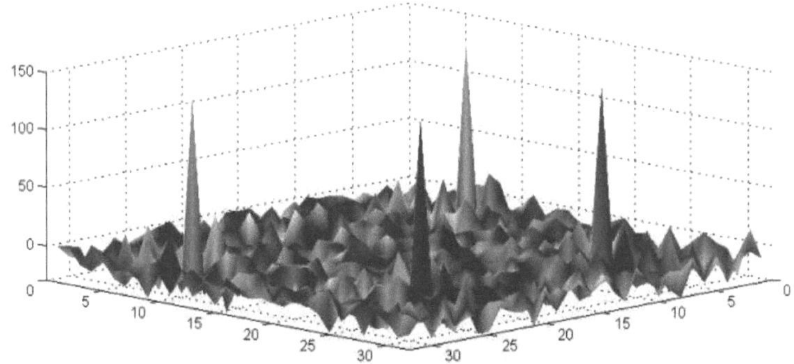


Figura 4.6. Função de brilho R(X, Y) de quatro blocos de dados de imagens de objectos

Como se pode ver na Fig. 5.6, a transmissão de quatro blocos de dados é acompanhada por um aumento do nível de ruído, mas a margem de imunidade ao ruído ainda deixa a possibilidade de suprimir a dispersão de modo e outras distorções.

Assim, o aumento da quantidade de informação contida numa imagem conduz a um aumento da velocidade de transmissão da informação. Ao transmitir informação sob a forma de um holograma 32x32 utilizando um bloco de dados para um relógio, são transmitidos 10 bits, e utilizando quatro blocos - 40 bits. Isto significa um aumento da velocidade de transmissão de informação através de fibra multimodo de 10 e 40 vezes em comparação com a transmissão habitual através de um canal digital. A escolha da combinação óptima da dimensão do holograma (número de modos utilizados), do número de blocos digitais transmitidos numa imagem e da margem de imunidade ao ruído, que determina o alcance máximo da transmissão, depende do campo de aplicação e da tarefa em causa.

Atualmente, estão publicados muitos trabalhos no domínio da transmissão de imagens sobre fibra multimodo. No entanto, os métodos desenvolvidos não permitem a transmissão de imagens complexas com uma qualidade aceitável. Ao mesmo tempo, as capacidades limitadas destes métodos podem ser utilizadas com êxito para a transmissão de informação digital arbitrária. Ao contrário das imagens reais, que exigem uma resolução espacial elevada, a informação digital pode ser transmitida sob a forma de pequenas imagens com dimensões que variam entre 8x8 e 32x32. O problema da dispersão de modos e de outros tipos de distorções que surgem na transmissão por fibra ótica é resolvido utilizando, em vez da imagem do objeto, o seu holograma, que, devido à propriedade inerente à divisibilidade da holografia, tem uma elevada resistência às distorções. Como resultado, o alcance da transmissão é significativamente aumentado a um nível controlado de probabilidade de erro da mensagem transmitida e a velocidade de transmissão da informação é aumentada em 10-40 vezes.

# 5 Aumentar o período de utilização ativa do equipamento eletrónico de bordo das naves espaciais

Para o equipamento eletrónico dos sistemas espaciais e, em primeiro lugar, para os dispositivos de memória, o problema da proteção contra a radiação cósmica ionizante e outros factores externos que distorcem a informação armazenada e processada é urgente [109]. Os efeitos da radiação e das partículas espaciais criam um grande número de erros que se acumulam nos dispositivos de memória. A utilização de métodos conhecidos de codificação de informação tolerante ao ruído tem efeito durante um período limitado até que o número de erros se torne demasiado elevado. Os sistemas responsáveis utilizam a memória ECC (error-correcting code memory) - um tipo de memória de computador que reconhece e corrige automaticamente as alterações espontâneas (erros) dos bits de memória - um erro numa palavra-máquina. Quando o comprimento de uma palavra de máquina é de 64 bits, o número de erros corrigidos é $< 1{,}5\%$.

Para melhorar a fiabilidade do armazenamento de informações, é interessante uma forma de registo de dados que permita a restauração de um bloco de informações através do seu fragmento - o método holográfico de registo que utiliza a propriedade de divisibilidade do holograma (a possibilidade de restaurar a imagem completa de um objeto através de um fragmento de holograma) [110].

## 5.1 Método holográfico de recuperação de informação

A ideia de utilizar os princípios da codificação holográfica foi formulada em [111,112], mas a modelação digital completa de um holograma exigia grandes recursos computacionais, pelo que se considerou a codificação pseudo-holográfica. De acordo com o método proposto, os elementos de uma matriz digital bidimensional são uniformemente misturados de uma determinada forma, o que permite reconstruir uma cópia reduzida da matriz original a partir de qualquer parte da matriz reordenada. O estudo dos métodos pseudo-holográficos é prosseguido em [113-116]. Os métodos descritos têm uma área de aplicação limitada aos problemas de codificação de matrizes de informação com grande redundância interna, e são um análogo do método iterleaving [117] usado em sistemas de comunicação para combater erros de pacotes.

A utilização da codificação holográfica completa para a correção de erros foi proposta em [44]. O método considerado baseia-se na modelação de um holograma como um padrão de interferência de uma imagem plana formada por uma representação matricial do bloco de dados digitais inicial. As operações de codificação e descodificação neste caso exigem recursos computacionais bastante grandes. Contudo, a complexidade dos cálculos pode ser consideravelmente reduzida se se tiver em conta que, para um holograma digital, o número de pontos, em vez da sua disposição mútua, tem um valor determinante. Em [44] mostra-se que a eficiência da codificação é preservada na transição de um holograma matricial para um holograma linear com o mesmo número de pontos. Por conseguinte, é racional utilizar matrizes de dados unidimensionais e hologramas unidimensionais.

A utilização do método holográfico de conversão de informação para aumentar a resistência à radiação ionizante dos sistemas de processamento e armazenamento de informação foi proposta em [12,118]. Consideremos a possibilidade e a eficácia da utilização do método holográfico de codificação resistente ao ruído em dispositivos de memória expostos a factores externos que conduzem a erros aleatórios e determinísticos (de pacote).

## 5.2 Resultados da modelação

o O estudo da capacidade de correção do código holográfico é realizado através da modelação em ambiente MATLAB do processo de distorção do holograma H por erros aleatórios e de pacote.

A figura 7.1 mostra uma vista de um holograma linear de um bloco de dados de entrada de 8 bits com o valor X=99. Neste caso, o tamanho do holograma escrito na memória é de 256 bits e o fator de redundância é de 32.

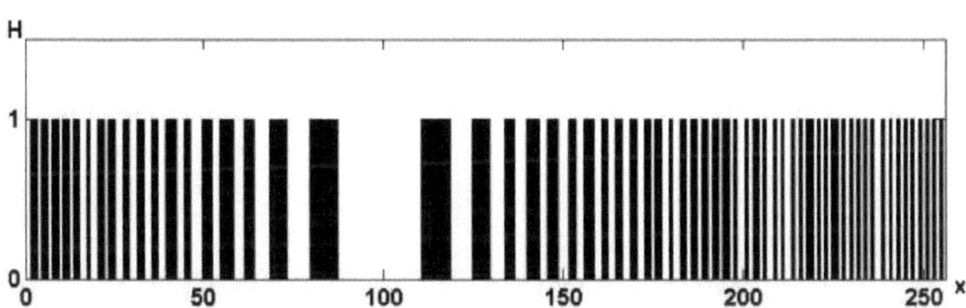


Figura 7.1. oHolograma H para X=99

R A figura 7.2 mostra o resultado da descodificação A , em que a posição do máximo Y=99 contém informação sobre o valor codificado. Na matriz recebida existe um pequeno ruído de descodificação, causado por um número finito de valores discretos do holograma, e que não impede de atribuir o valor da informação.

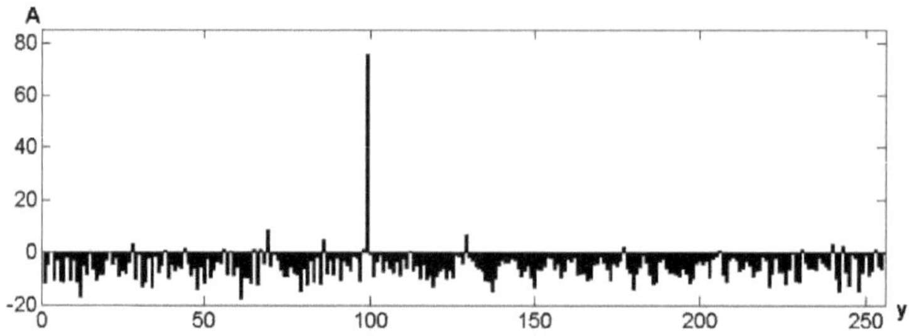


Figura 7.2. R Matriz A reconstruída com n=256, Y=99

Consideremos a robustez do código a apagamentos, erros aleatórios e de pacotes.

A figura 7.3 mostra a vista de um holograma na entrada do descodificador quando há um apagamento (perda) de 75% de um holograma de tamanho n=256.

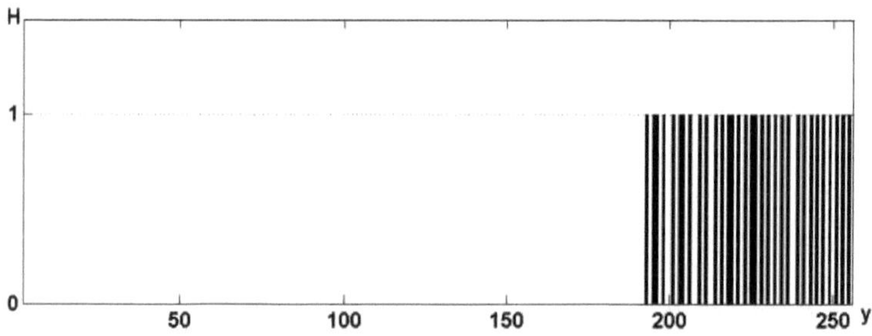


Figura 3. RHolograma de H para X=99. Perdas de 75%

O resultado da recuperação do bloco de dados pelos restantes 25% é apresentado na Figura 7.4. O ponto máximo na posição Y=99 corresponde ao valor transmitido X=99 e determina inequivocamente o valor do bloco codificado.

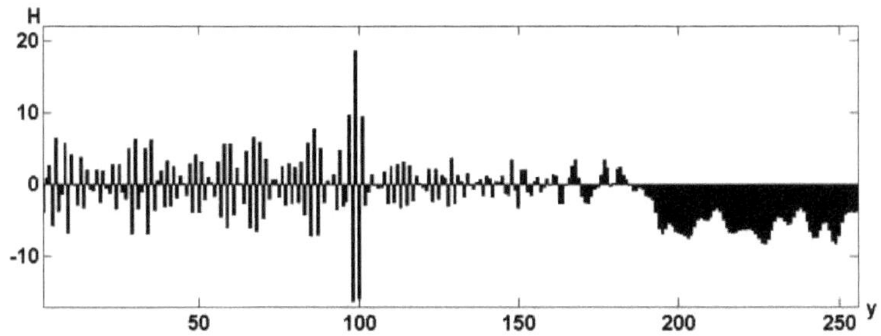


Figura 7.4. $_{R}$Matriz A reconstruída com 75% de perda, n=256, Y=99=X

A codificação holográfica oferece resistência não só à perda de informação mas também a erros aleatórios. A ocorrência de erros é modelada através da substituição de uma parte do holograma por uma sequência aleatória binária (ruído). A matriz reconstruída a partir de um holograma de dimensão n=256 contendo 75% de ruído é mostrada na figura 7.5.

O aumento do tamanho do holograma conduz a um aumento da imunidade ao ruído. $^{14}$Com n=2 =16394, a recuperação da informação é bem sucedida com o comprimento da sequência de ruído até 95% do tamanho do holograma.

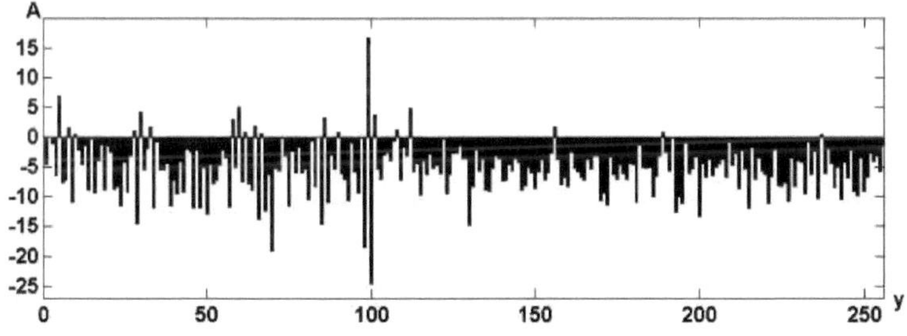


Figura 7.5. $_{R}$ Matriz A reconstruída com um comprimento de sequência de ruído de 75%, n=256, Y=99=X

Quando se substitui uma parte do holograma por ruído binário, o número de erros que surgem é inferior ao número de posições de ruído, uma vez que cerca de metade das posições de ruído coincidirão com os bits de informação e não criarão erros. Por conseguinte, o número máximo possível de erros aleatórios independentes num holograma suficientemente grande é 50% do número de bits do holograma. Se o número de erros for superior a 50%, os erros são dependentes, e 100% dos erros correspondem a um caso completamente determinístico - inversão do holograma em bits.

A situação mais difícil para a descodificação é quando o número de erros aleatórios se aproxima dos 50%. A capacidade de correção do código holográfico depende do tamanho n do holograma. $^{-3}$ As estatísticas dos resultados da modelização mostram que, para n=256, a probabilidade de erro de descodificação é de 10, com um número de erros na entrada do descodificador de 30%. Com um número de erros de 25% e um número de ensaios de 10 000, os erros de descodificação não são corrigidos. $^{-3}$Com n=1024, a probabilidade de erro de descodificação de 10 é atingida com 41% de erros no holograma.

Os exemplos de recuperação de informação considerados são típicos de casos com erros aleatórios independentes. Ao mesmo tempo, a maior parte dos sistemas de informação binários caracteriza-se pela correlação entre erros e a sua combinação em pacotes [119]. Os erros de pacotes ocorrem em caso de exposição intensiva a radiações ionizantes, durante o registo de informações em suportes de dados e em canais de comunicação [120].

Os códigos resistentes ao ruído são largamente utilizados para a correção dos erros que surgem no armazenamento da informação. Um dos mais eficazes é o código Reed-Solomon (código RS), muito utilizado em sistemas de recuperação de dados de discos compactos, na criação de arquivos com informação para recuperação em caso de dano, na codificação resistente ao ruído [121]. O limite da capacidade correctiva do código RS é definido pelo limite de Singleton [122], segundo o qual, para a correção de erros, o código deve ter pelo menos dois símbolos de verificação por erro. A um grau elevado de redundância, o número de erros corrigíveis aproxima-se de 50% do comprimento da palavra-código. A peculiaridade do código PC é que ele demonstra uma capacidade de correção tão elevada apenas para erros de pacotes [119], cedendo, por exemplo, ao código Reed-Maller (código RM) na correção de erros aleatórios independentes. $^{m}$ $^{m-2}$O código RM com comprimento de palavra código n=2 corrige 2 -1 erros de qualquer tipo [122], ocupando quase 25% da combinação de código.

O descodificador básico de um código holográfico, bem como do código RS, elimina erros que não ocupam mais de 50 % de uma palavra-código. No entanto, em virtude da especificidade do método holográfico de representação da informação, é possível construir um descodificador universal que corrija qualquer quantidade de erros de agrupamento de pacotes até 100 % do tamanho do holograma, ou seja, quando todos os símbolos estão distorcidos.

Em si mesma, a tarefa de correção de 100 % dos erros é trivial - para este efeito, basta inverter cada bit de uma palavra-código. No entanto, para todos os códigos, exceto o holográfico, existe o problema da escolha de um de dois resultados de descodificação igualmente prováveis - direto ou invertido. O código holográfico dá o mesmo resultado de descodificação, tanto para a palavra de código não distorcida como para a palavra de código com 100 % de erros. A figura 7.6 mostra o resultado da descodificação do bloco invertido com 100% de erros. A partir daqui, podemos ver que os erros dos pacotes levam à inversão do máximo na matriz recuperada, mas a sua posição é preservada, pelo que a recuperação da informação é correcta.

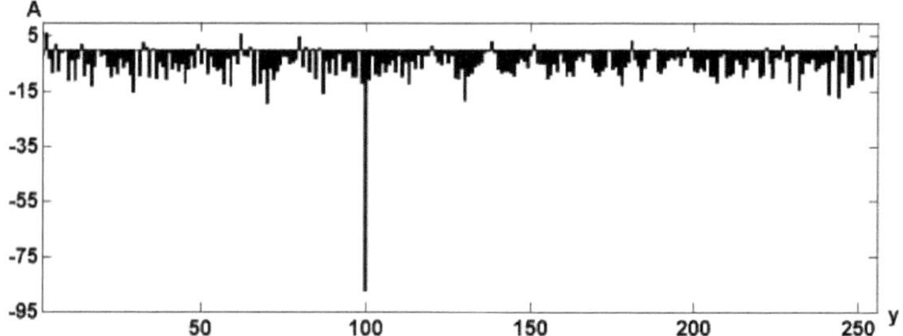


Figura 7.6. R Matriz A reconstruída (Y=100), número de erros - 256 (100%)

A recuperação é mais difícil com um número de erros de pacotes de cerca de 50%. Para resolver este problema, o bloco de dados descodificado é dividido em duas partes iguais e cada parte é descodificada de forma direta e invertida. Cada uma das quatro variantes de descodificação produz uma matriz de saída completa, com todas as implementações com diferentes níveis de ruído (Figura 7.7). A análise conjunta destas matrizes permite determinar o valor do bloco de dados descodificado.

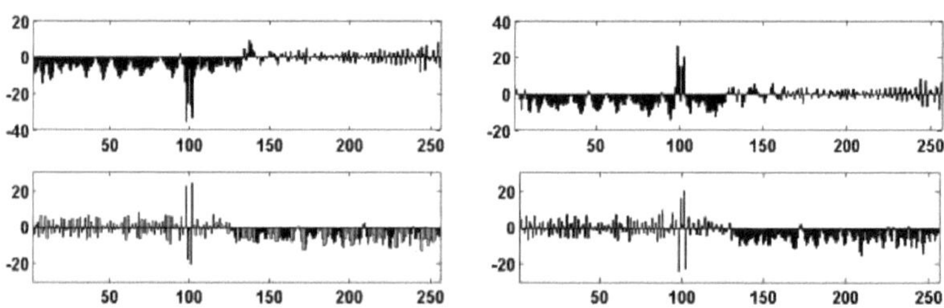

Figura 7.7. Resultados do trabalho de quatro descodificadores

A figura 7.8 mostra um fragmento de uma das quatro matrizes na descodificação do holograma que contém 128 erros em n=256 (50% dos erros), valor codificado Y=100. Mostra que, apesar da ausência de um extremo no ponto Y=100, o valor do bloco de entrada pode ser recuperado por uma combinação caraterística de quatro máximos laterais simetricamente dispostos.

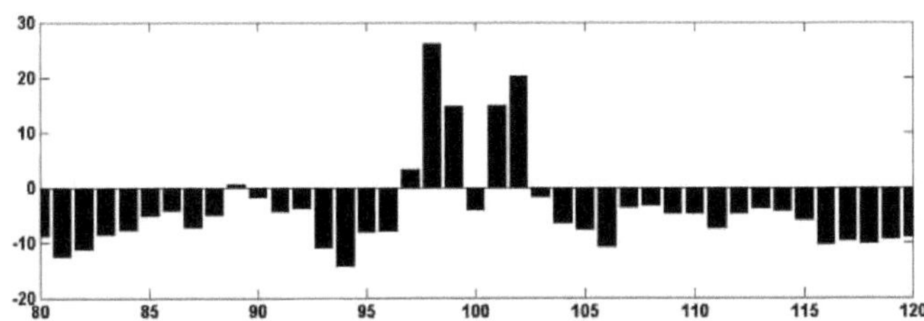


Figura 7.8. R Fragmento de histograma da matriz A reconstruída (Y=100)

As simulações mostraram que um descodificador universal contendo 4 descodificadores e um bloco de seleção máxima corrige qualquer número de erros de pacote - de 0 a 100% do bloco de dados gravado. Este descodificador é eficaz na eliminação de erros aleatórios e de pacote. Com um número de erros inferior a 50%, estes são aleatórios e o descodificador permite recuperar a informação com 41% de erros na palavra de código. Quando o número de erros é superior a 50%, estes são dependentes e formam a parte direita do gráfico (Figura 7.9).

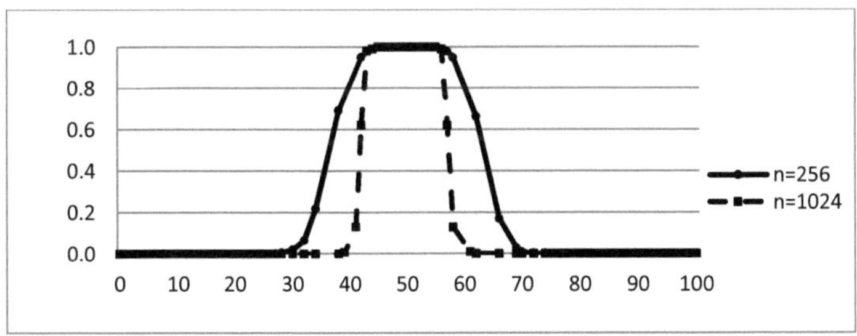

Fig. 7.9. Probabilidade de um erro na saída do descodificador em função do número de erros na entrada do descodificador para hologramas de dimensões n=256 e n=1024

Assim, a codificação holográfica corrige os erros se o seu número for inferior a 40 ou superior a 60 por cento do comprimento da palavra de código a n=1024 (Figura 7.9). Isto permite aumentar a fiabilidade da recuperação de dados em sistemas de armazenamento de informações expostos a radiações ionizantes, temperatura e outros factores que causam a degradação dos parâmetros de base dos elementos.

O sistema de armazenamento de informações resistente a radiações ionizantes é constituído por uma matriz de memória de capacidade aumentada, tendo em conta o fator de redundância escolhido, e por um controlador de memória que executa a codificação holográfica ao escrever informações e a descodificação com correção automática de erros ao ler informações. O algoritmo do próprio controlador pode ser implementado sob a forma de um circuito integrado lógico programável ou armazenado num dispositivo de memória permanente que não seja afetado pela radiação ionizante.

Pode ser utilizado em qualquer arquitetura de computador. Para o efeito, é necessário modificar o controlador de memória, instalando nele um módulo de codificação/descodificação.

# 6 Melhorar a precisão de posicionamento do sistema GLONASS

Uma das principais características do sistema global de navegação por satélite GLONASS é a exatidão das coordenadas e da estimativa da altitude obtidas no equipamento de navegação dos consumidores (NAP) apenas por sinais de satélite sem informações adicionais [123]. A precisão do posicionamento é particularmente importante para os sistemas de navegação das aeronaves, incluindo as não tripuladas, em condições de interferência não intencional e intencional [124,125]. No entanto, a insuficiente precisão de posicionamento em muitos casos exige o desenvolvimento de outras formas de resolver este problema. Em [126] é proposta a utilização, para a resolução de problemas geodinâmicos e geodésicos fundamentais, de um sistema de determinação de alta precisão de efemérides e correcções temporais, que recolhe, armazena e processa informações de medição e navegação nos sistemas de navegação por satélite GLONASS. Em [127], são propostos métodos computacionais para reduzir os erros causados pela passagem do sinal na ionosfera e na troposfera; em [128], mostra-se que a utilização de métodos de seleção espacial com a ajuda de um conjunto de antenas permite melhorar significativamente a precisão das determinações de navegação, reduzindo a influência da receção multipercurso. Em [129], descreve-se a ideia do registo digital de sinais de navegação e propõe-se um método de pós-processamento de alta velocidade para melhorar a precisão das estimativas. Em [130,131] é proposta uma abordagem para melhorar a imunidade ao ruído do equipamento de navegação utilizando um esquema de complementação profunda do equipamento de navegação. Um método para melhorar a imunidade ao ruído dos sistemas de posicionamento através da transmissão de um carimbo de tempo adicional é considerado em [132]. O mais complicado e dispendioso é a criação de um novo sistema de navegação por satélite proposto em [133], que elimina os problemas de desenvolvimento do sistema GLONASS. As características dos PNA têm uma grande influência na exatidão do posicionamento. As amostras normalizadas de PNA não fornecem o nível necessário de imunidade ao ruído com o atual nível de potência dos sinais GLONASS recebidos, da ordem de menos 166...156 dBW [134, 135].

A exatidão da medição das coordenadas é determinada pelo número de satélites simultaneamente visíveis para o equipamento de navegação. Os erros do GLONASS são de 3-6 m quando são utilizados 7-8 satélites. Até 11 satélites GLONASS estão simultaneamente acima do horizonte na maior parte da superfície terrestre, mas a relação sinal/ruído no canal de comunicação, necessária para a receção de informações sem erros, é frequentemente fornecida apenas para 2-4 satélites. A figura 8.1 mostra um exemplo da visibilidade dos satélites de diferentes sistemas de navegação em zonas urbanas.

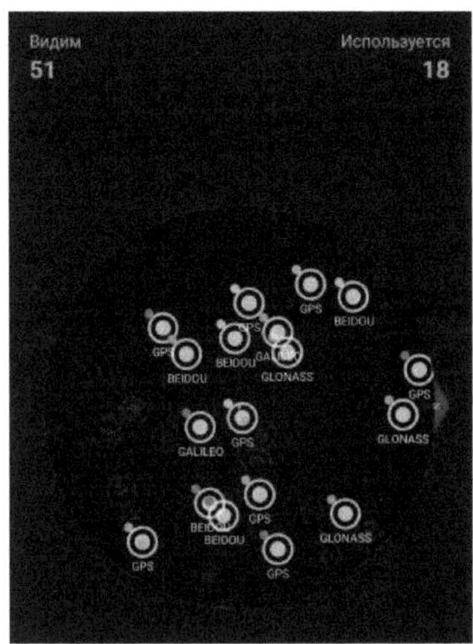


Fig. 8.1. Visibilidade dos satélites GPS, GLONASS, BEIDOU, GALILEO

A Figura 8.2 mostra os níveis de sinal para os satélites visíveis.

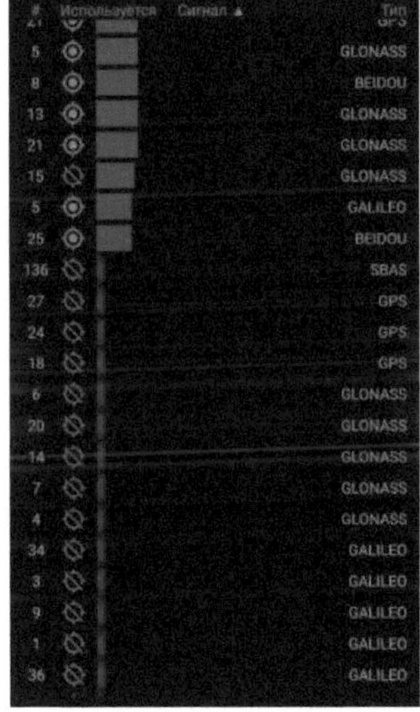


Figura 8.2. Satélites visíveis e utilizados

O rácio sinal/ruído necessário é mantido para 4 satélites GLONASS, 5 satélites GLONASS estão na linha de visão mas não são utilizados devido ao baixo rácio sinal/ruído. Nestas condições, o erro de posicionamento é superior a 10 m.

No sistema GLONASS, para melhorar a imunidade ao ruído, é utilizado o código de Hamming, que corrige erros únicos. Os blocos de informação digital transmitidos são um código de 85 bits, em que os 77 dígitos superiores contêm símbolos de informação e os 8 dígitos inferiores - verificação [134]. O erro de posicionamento pode ser reduzido não só aumentando o número de satélites na constelação de satélites, mas também utilizando uma codificação que permita a correção de um maior número de erros.

Até à data, foi desenvolvido um grande número de códigos de correção com diferentes níveis de eficiência. No entanto, a sua eficiência é insuficiente para restaurar a mensagem original quando se transmite informação através do canal de comunicação por satélite em condições de baixa relação sinal-ruído, quando grandes fragmentos de informação podem ser perdidos. Uma das formas de melhorar a estabilidade do canal de comunicação é utilizar a forma de representação do sinal, que proporciona a restauração da mensagem em seu fragmento. Tal caraterística possui o método holográfico de codificação corretiva [44]. O processo de codificação da informação transmitida é uma modelação matemática de um holograma digital criado no espaço virtual por uma onda proveniente do objeto codificado. A codificação holográfica pode ser utilizada para melhorar a imunidade ao ruído dos canais de comunicação, a fiabilidade do armazenamento de informações, bem como para melhorar a precisão do sistema GLONASS.

## 6.1 Algoritmo de codificação/descodificação holográfica

[nn]Na primeira fase, a mensagem digital transmitida, que é um código binário de n bits, é convertida num código de posição única com o número de posições N=2, o que coloca redundância na mensagem com um coeficiente q=2 /n. O bloco no código unitário tem (N-1) zeros e uma unidade na posição dada pela mensagem original. No segundo passo, a palavra de código transmitida é formada por construção geométrica. Assim, a palavra de código transmitida é um holograma unidimensional de um ponto.

O holograma digital formado é transmitido através do canal de comunicação com interferência e, no lado recetor, é efectuada a descodificação - restauração do holograma, procura do máximo e saída da sua coordenada sob a forma de código de saída de n bits.

## 6.2 Resultados da modelação

O estudo da imunidade ao ruído do código holográfico considerado é efectuado através da modelização em ambiente Matlab dos processos de codificação-decodificação durante a transmissão de mensagens de código através de um canal com ruído. Utiliza-se como fonte de ruído um gerador de ruído pseudo-aleatório realizado pela função Random.

A Figura 8.4 mostra o resultado da recuperação do sinal com o valor Y=100. Existe um pequeno ruído de codificação no sinal reconstruído.

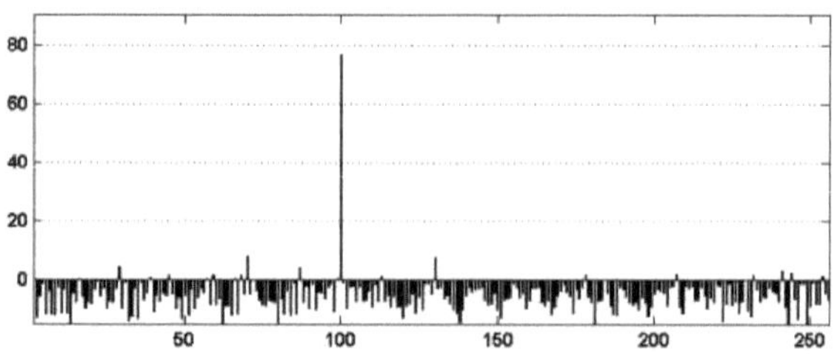

Figura 8.4. Sinal reconstruído a N=256

O nível de ruído de codificação, que determina a imunidade potencial ao ruído do código, depende do comprimento da combinação de códigos. A forma do sinal reconstruído com o valor Y=400, com N=1024 (fator de redundância q=128) é mostrada na Figura 8.5.

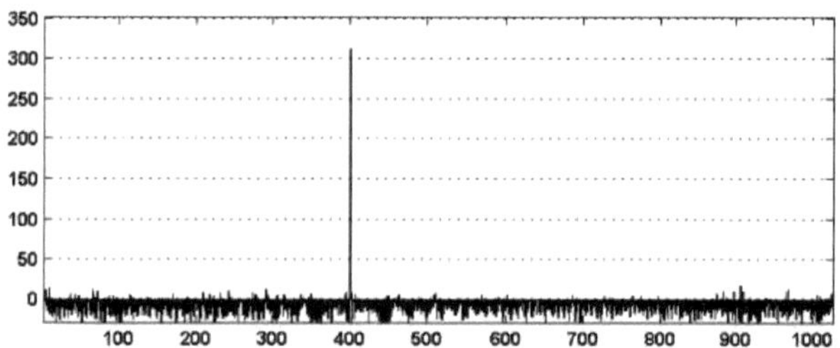

Figura 8.5. Sinal reconstruído a N=1024

Consideremos a estabilidade do código a erros causados por ruído no canal de comunicação. O impacto do ruído é modelado através da substituição de uma parte do holograma por uma sequência aleatória binária. Quando o comprimento do fragmento aleatório no sinal é de 70%, o sinal recuperado excede o valor máximo da emissão de ruído em 11 dB (Figura 8.6).

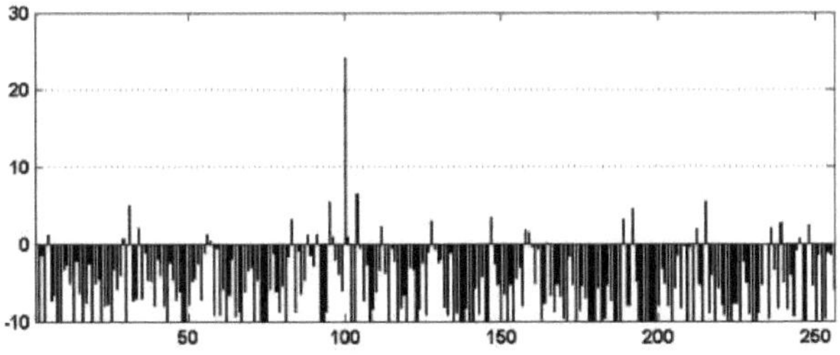


Figura 8.6. Sinal reconstruído com um comprimento de fragmento aleatório de 70%

O aumento do comprimento da combinação de códigos conduz a um aumento da imunidade ao ruído do código. Com N=1024, o sinal de saída é reconstruído a partir do sinal, em 80 % constituído por uma sequência aleatória. A relação sinal/ruído de pico na saída do descodificador é igual a 6,3 dB (figura 8.7).

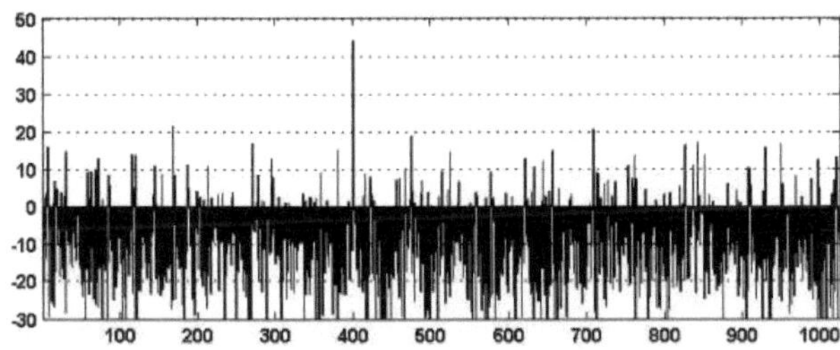


Fig. 8.7. Sinal à saída do descodificador para N=1024. Comprimento do fragmento aleatório 80%

Se o ruído no canal distorcer 90% do sinal, é necessário aumentar o comprimento da combinação de códigos para N=4096 para obter uma relação sinal/ruído na saída do descodificador de 5 dB (Figura 8.8).

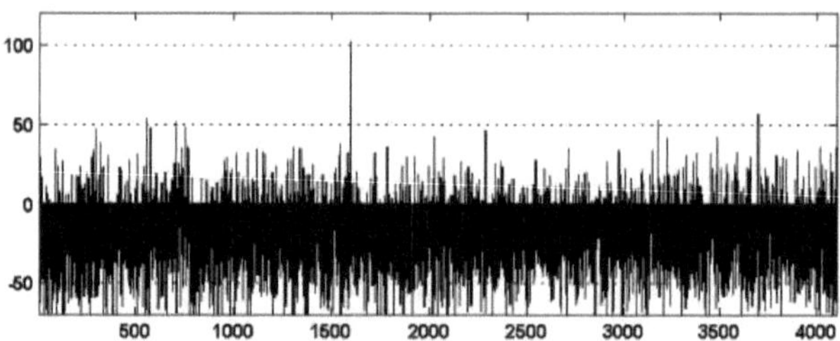


Figura 8.8. Perdas no canal 90%. Sinal reconstruído a N=4096

A codificação holográfica oferece a possibilidade de transmissão de informação através de canais de comunicação ruidosos com um grande número de erros. O nível máximo de ruído admissível é determinado pela redundância introduzida durante a codificação - o comprimento da combinação de códigos. As possibilidades limite dos códigos de bloco lineares binários sistemáticos conhecidos são definidas pelo teorema de Singleton, segundo o qual, para a correção de erros, o código não deve ter menos de dois símbolos de verificação por erro. Isto significa que o número de erros na mensagem deve ser inferior a 50% para manter a capacidade de correção de erros. As capacidades do código holográfico proposto são determinadas pelo nível de redundância introduzido: com o fator de redundância q=32, o sinal é descodificado sem erros quando se substitui 70% do sinal por uma sequência aleatória, enquanto o código de Hamming utilizado no GLONASS corrige um erro numa palavra de 85 bits.

As pesquisas realizadas mostraram que a introdução da codificação holográfica no canal de comunicação por satélite do sistema GLONASS dará ao equipamento de navegação dos consumidores a oportunidade de receber informações de mais satélites devido à capacidade do código de descodificar corretamente o sinal em substituição por uma sequência aleatória até 70% da duração do sinal, o que aumentará significativamente a precisão do posicionamento. Para aplicar este método, é necessário introduzir uma codificação holográfica adicional resistente ao ruído no canal de comunicação e modificar o software do equipamento de navegação dos consumidores, instalando um módulo de descodificação holográfica.

# 7 Utilização da codificação holográfica para melhorar os débitos de dados nas redes móveis

Atualmente, a principal forma de transmissão de dados é através de redes de comunicações móveis. Nas redes móveis analógicas de primeira geração, o alcance da comunicação era determinado principalmente pela sensibilidade do recetor do terminal móvel e pelo nível de ruído no canal de comunicação ou, mais precisamente, pela relação sinal/ruído. Nas redes móveis digitais (geração 2G e posteriores), estas características continuam a ser básicas e são utilizadas no desenvolvimento de normas e equipamentos de comunicação na seleção de tipos de modulação, eficiência espetral, débito de bits da transmissão de dados, seleção de métodos de codificação resistentes ao ruído para deteção e correção de erros. Nas redes de segunda e terceira geração, o grosso do tráfego era constituído pela transmissão de voz. Os erros que ocorrem no canal de comunicação digital conduzem à deterioração da qualidade da comunicação, mas não afectam a velocidade de comunicação. O alcance da comunicação (a dimensão da área de cobertura da rede) foi determinado pelo limite de aceitabilidade da qualidade da transmissão vocal.

Até à data, o desenvolvimento das radiocomunicações foi o seguinte:

- todos os sistemas de comunicação são digitais
- Praticamente todos os sistemas de comunicação estão incluídos na Internet e, por conseguinte, utilizam o protocolo TCP na quarta camada (transporte) do modelo Open Systems Interconnection (modelo OSI).
- A teoria das comunicações eléctricas considera os processos de transmissão de sinais na primeira camada (física) do modelo OSI (modulação, eficiência espetral, taxa de bits) e na segunda camada (canal)

(deteção e correção de erros que ocorrem na camada física). O objetivo final destas camadas é fornecer a taxa de bits necessária de blocos de dados de vários bits com a probabilidade de erro de bits necessária

- a partir da terceira camada do modelo OSI e acima - esta é a esfera das TI. No nível 4, o protocolo TCP garante a entrega de pacotes IP
- a escolha de soluções para a construção do canal de comunicação (tipo de modulação, método de codificação resistente ao ruído, velocidade de codificação, nível de redundância) não está de acordo com os parâmetros do protocolo TCP (tamanho do pacote, tempo de espera para uma receção, nível de redundância decorrente da duplicação de pacotes) e, consequentemente, com a velocidade de transmissão de informações resultante na camada de aplicação.

Nas redes 4G-5G, a maior parte do tráfego é constituída pela transmissão de imagens e a voz é também transmitida como pacotes de dados em redes IP. As técnicas de modulação, os métodos de processamento e a codificação de imunidade ao ruído mudaram. No entanto, o tamanho do bloco utilizado para a transmissão de dados pouco mudou - continua a variar entre alguns bits e algumas dezenas de bits. A blocos deste tamanho é aplicada uma codificação tolerante ao ruído e a probabilidade de erro residual após a descodificação determina a qualidade do canal de comunicação. $^{-4-5}$Normalmente, uma probabilidade de erro inferior a 10 é considerada aceitável e um canal com uma probabilidade de erro de 10 é considerado bom. Esta estimativa é feita do ponto de vista da teoria da comunicação eléctrica para os métodos de multiplexagem, modulação e codificação tolerante ao ruído aplicados no canal de rádio. $^{-4}$A probabilidade de erro de 10 corresponde aproximadamente ao limite da área de cobertura da rede 4G. Ao mesmo tempo, a velocidade de transmissão de dados é centenas de vezes inferior à velocidade de 300 Mbit/s declarada pela norma e pelos operadores 4G, podendo mesmo ser inferior a 1 Mbit/s. A seguir, referimo-nos à velocidade de transmissão de dados determinada pela qualidade do canal, e não pelo número de assinantes activos, e deve ser medida durante as horas de menor carga.

## 7.1 Declaração do problema

Esta diminuição da velocidade explica-se pela diferente abordagem da questão da qualidade da transmissão de dados nas redes de comunicações e nas redes IP - se nas redes de comunicações é aceitável uma probabilidade de erro muito pequena, mas diferente de zero, nas redes IP o protocolo TCP garante a entrega, e o pacote de dados é entregue sem erros ou é corrigida uma quebra de comunicação. No protocolo TCP, um pacote de dados tem 11680 bits de tamanho. $^{-4}$Isto significa que, com uma probabilidade de erro de 10 num canal de comunicação digital, cada pacote transmitido chegará com um erro em pelo menos um bit. Os erros simples são eliminados pelos códigos de correção utilizados, mas os erros duplos ou mais são transmitidos pelo protocolo TCP, que garante a entrega através da duplicação dos pacotes. Um número semelhante de erros ocorre durante a retransmissão. Devido à natureza aleatória dos erros, os pacotes individuais serão recebidos corretamente e continuarão a passar na rede, mas isso resulta em taxas de transferência de informação dezenas ou centenas de vezes mais lentas para o utilizador (Figura 9.1). Nas redes 5G e 6G, há uma tendência para o aumento da dimensão dos pacotes, pelo que o mesmo número de erros resultará numa redução ainda maior da velocidade.

Na conceção das redes de comunicação actuais e futuras (5G e 6G), são incorporadas soluções técnicas para atingir as velocidades de comunicação necessárias (velocidades gigabit nas redes 5G e velocidades terabit nas redes 6G). $^{-4}$Um grande número de artigos é dedicado à análise comparativa da imunidade ao ruído das tecnologias de radiocomunicação utilizadas e futuras, mas na maioria deles a probabilidade de ocorrência de erros no canal de comunicação (taxa de erro de bits) é considerada na ordem dos 10 ou mais (Fig. 9.2 [136]).

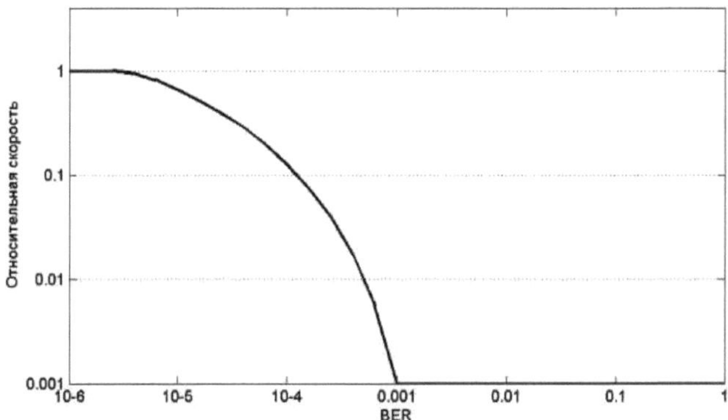


Figura 9.1. Dependência da taxa relativa de transmissão de dados da probabilidade de erro no tamanho do pacote na camada de transporte 11680 bits

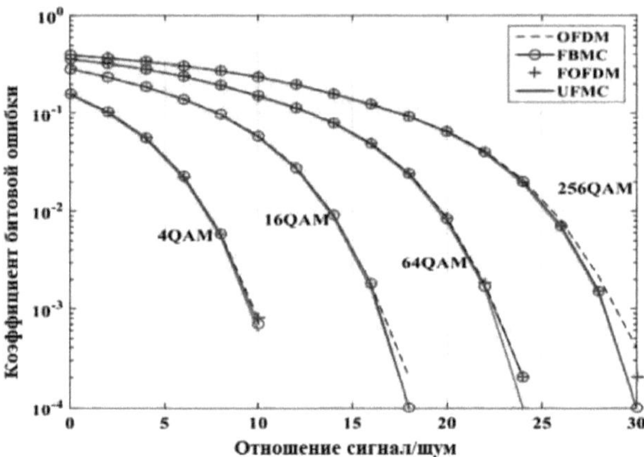


Figura 9.2. Eficiência das opções de acesso multiestações para redes móveis

Nas redes de dados móveis de todos os operadores, há muitas partes da área de serviço em que o débito real de dados é em unidades de Mbps, ou seja, 100 vezes inferior à velocidade definida pela norma 4G. Esta situação leva ao seguinte:

- os canais de comunicação estão ocupados com a retransmissão de pacotes defeituosos, a capacidade da rede é utilizada apenas por 1%
- os assinantes que estão em melhores condições em termos de qualidade de comunicação, mas que utilizam o mesmo canal, por exemplo, no mesmo edifício mas num andar superior, recebem uma velocidade inferior devido ao facto de o canal de comunicação estar ocupado pela retransmissão de pacotes defeituosos.
- Devido à falta de capacidade de canal e à falta de velocidades prometidas aos assinantes, os operadores são forçados a procurar recursos de frequência adicionais e a construir estações de base adicionais.

## 7.2 Decisão

$^{-6}$A solução deste problema consiste em aumentar a imunidade ao ruído de um canal de comunicação com a diminuição da probabilidade de um erro na saída do descodificador para 10 . Para este aumento essencial da imunidade ao ruído em condições de sinal fraco e baixa relação sinal-ruído é necessário o método de codificação imune ao ruído com muito maior capacidade de correção em comparação com os códigos conhecidos, aplicados nas redes de comunicação.

A taxa de transmissão de dados de passaporte nas redes 5G é fornecida com uma boa qualidade de canal (com uma relação sinal/ruído S/N=20dB, probabilidade de erro de 0,01 para 64QAM) num raio de 100 m da estação de base. Ao aumentar a distância em 3 vezes, a intensidade do campo diminui 10 dB, neste caso S/N=10 dB, probabilidade de erro 0,12-0,15. Os códigos resistentes às interferências utilizados ao nível do canal, com redundância, em regra, não superior a 2, não suportam bem este nível de erros. Os códigos generalizados, desde o código Reed-Solomon ao LDPC, produzem um grande número de erros de descodificação num canal deste tipo, que são corrigidos pelo protocolo TCP duplicando repetidamente os pacotes IP. Se na rede LTE, em vez de 300 Mbit/s, um assinante receber uma velocidade real de 3 Mbit/s, isso significa que, em média, cada pacote IP é repetido 100 vezes, ou seja, é introduzida uma redundância de 100 vezes.

Com o alcance reivindicado da estação de base 5G de 1 km, a zona de comunicação de alta velocidade com um raio de 300 m tem uma área de 9% da área de cobertura da estação de base. Assim, a velocidade real de transmissão de dados em 90% do território da rede móvel corresponde à velocidade da geração anterior (para LTE - velocidade 3G, para 5G - velocidade LTE), ou seja, existe uma desigualdade digital territorial.

Para resolver este problema, é necessário, ao escolher as tecnologias de rede, ter em conta o impacto na velocidade de transmissão de dados, estabelecendo métodos de processamento de sinais em todas as camadas do modelo OSI, proporcionando a transferência de informações - da primeira (física) à quarta (transporte).

Um desses métodos é o método de codificação holográfica [44]. O método de codificação holográfica baseia-se na modelização matemática de um holograma digital unidimensional criado no espaço virtual por uma onda proveniente de um objeto cuja imagem representa o bloco de dados de entrada. O holograma é formado pela construção de uma sequência digital correspondente a uma régua de zona Fresnel. Assim, um objeto unidimensional A(i) é comparado com um holograma unidimensional H(j). $_0$Os valores do holograma calculado são arredondados a um bit - os positivos são tomados como 1, os negativos - como 0. Como resultado, forma-se uma matriz unidimensional H (j) de n bits, que é uma combinação de códigos correspondente a um bloco de dados de entrada de k bits X

A peculiaridade do código holográfico é que a palavra codificada de entrada deve ser representada num código de posição única. Neste caso, o objeto ótico para o qual o holograma é construído é uma fonte pontual sobre um fundo preto, e a informação é incorporada nas coordenadas de um ponto no campo do objeto. O resultado da codificação é o holograma mais simples - uma placa de zona Fresnel, cujas coordenadas do centro contêm a informação codificada. No processo de codificação, o intervalo de símbolos (utilizado para a transmissão de um símbolo, bloco de dados) é dividido em L ranhuras com duração t. $^k$O bloco de dados digitais de entrada X a ser transmitido, que é um código binário de k bits, é convertido num código de posição A, constituído por n = 2 pontos A(i), i = 1,..., n, sendo o valor de um deles 1, os outros são zeros: A(i) = 1 em i = X, A(i)=0 em i ≠ X. Como resultado, o bloco A tem (n-1) zeros e uma unidade na posição dada pelo bloco X. Assim, o bloco de dados de entrada é utilizado como endereço da posição da unidade na sequência de zeros do código de posição da unidade.

A descodificação no recetor é feita da seguinte forma. O sinal recebido durante o intervalo de símbolos é submetido ao procedimento de reconstrução do holograma digital. O conjunto de linhas digitais resultante tem um máximo na célula Y com um número correspondente ao valor do bloco de entrada X. De um ponto de vista ótico, o objeto reconstruído é uma linha escura com um ponto brilhante e uma pequena iluminação de fundo nos outros pontos. O código holográfico utiliza a propriedade de divisibilidade do holograma e é capaz de recuperar a imagem transmitida a partir do fragmento do holograma, bem como a imagem escondida pelo ruído. As capacidades de restauração do código holográfico dependem do comprimento do holograma (número de ranhuras L no intervalo de símbolos).

Nos canais de comunicação digital, é muitas vezes mais informativo estimar a imunidade ao ruído não numa relação sinal/ruído, mas numa quantidade limite de erros casuais na palavra descodificada. Como resultado da modelação, estabelece-se que a descodificação de uma palavra de código de comprimento n=256 ocorre sem erros com uma distorção de 80 bits (31 %).

$^{-6}$Ao utilizar a codificação holográfica com redundância de 10 vezes, a probabilidade de erro na saída do descodificador é de 10, sendo a probabilidade de erro no canal de 0,2. Como resultado, num canal de comunicação com uma taxa de transmissão de dados de 3 Mbit/s (redução da taxa em 100 vezes em relação à taxa máxima), quando o código holográfico é ativado, a taxa será de 30 Mbit/s (Fig. 9.3). Nesse caso:

- a velocidade média aumentará 10 vezes (será inferior à velocidade máxima não em 100, mas em 10 vezes)
- a utilização dos canais diminuirá por um fator de 10
- A libertação de canais permitirá prescindir de recursos de frequência adicionais e aumentar o número de estações de base.

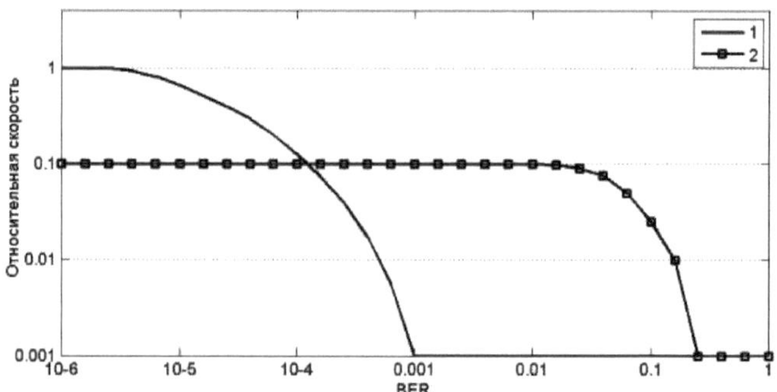


Figura 9.3. Taxa de transferência de dados relativa:
1 - sem codificação holográfica adicional,
2 - com codificação holográfica

Para garantir que a redundância do código holográfico não reduz a taxa de transmissão de dados em canais com boa qualidade de comunicação, deve ser incluída apenas nos canais em que se regista uma queda de taxa superior a 10 vezes. Neste caso, a dependência da taxa relativa de transmissão de dados em relação à taxa de erro de bit é a indicada na Fig. 9.4.

A aplicação do método consiste em modificar o software dos equipamentos de rede e dos terminais móveis.

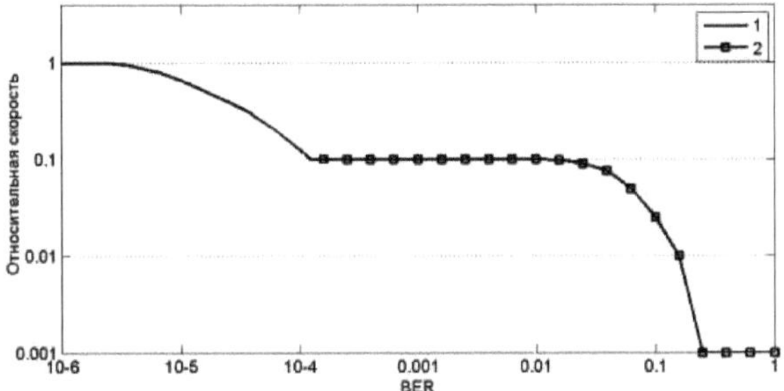


Figura 9.4. Taxa de transferência de dados relativa:
1 - sem codificação holográfica adicional,
2 - com codificação holográfica

# 8 Métodos holográficos de transmissão paralela de informação

Uma forma comum de transmitir informações através de radiação electromagnética nas bandas ótica e de rádio, através de guias de ondas e em espaço aberto é a transmissão em série. A divisão de frequência dos canais na banda de rádio, bem como a tecnologia WDM na banda ótica, não formam uma transmissão paralela num canal, mas criam uma série de canais em série.

Praticamente, a única forma de transmissão paralela de informação é a transmissão de uma imagem bidimensional através de uma guia de onda, que pode ser de diferentes modelos - desde metálica a fibra ótica [77]. $_s$As guias de onda ópticas multimodo têm a capacidade de reproduzir a imagem de um objeto localizado na sua secção de entrada ($z = 0$) numa sequência de secções em fase distantes da entrada por distâncias $z$ - $sL$ ($L$ é a distância à primeira secção em fase, dependendo do tipo de guia de onda e dos seus parâmetros, $s$ é o número de série da secção em fase). Nos últimos anos, há cada vez mais publicações que consideram a possibilidade de transmissão de imagens através de fibra multimodo [137-140]. Por exemplo, uma fibra típica com um diâmetro de núcleo de 100 μm pode transportar até 10 000 modos e, em princípio, transmitir uma imagem com aproximadamente o mesmo número de pixéis [85]. No entanto, numa fibra deste tipo, cada um dos modos individuais propaga-se a uma velocidade ligeiramente diferente, conduzindo a distorções de amplitude e de fase da imagem e à formação de uma estrutura de manchas. O conhecimento completo a priori da imagem de entrada e dos pormenores da fibra pode permitir-nos simular numericamente a propagação ótica, reconstruir a matriz de transmissão e depois descodificar os dados de saída, mas na prática isto não é viável devido à necessidade de recursos computacionais muito grandes.

Ao mesmo tempo, na ótica e noutros campos que utilizam processos ondulatórios, existe e é utilizado um efeito que pode ser considerado como uma transmissão paralela de informação - a holografia. A singularidade da holografia consiste no facto de a informação sobre o objeto inicial ser transmitida no espaço por uma frente de onda monocromática (ou seja, num canal de frequência) e formar um padrão de interferência de grande volume a ser registado durante um tempo igual a um período da onda de referência (na holografia ótica - durante 0,002 picossegundos).

## 8.1 Declaração do problema

Consideremos uma tarefa mais geral do que a transmissão de imagens - a transmissão de informação digital arbitrária. Nos sistemas existentes de transmissão através de canais de comunicação, o bloco inicial de informação digital é representado como uma matriz unidimensional. No processo de transmissão, o bloco de informação entra no canal de comunicação elemento a elemento e, assim, desdobra-se no tempo, transformando-se num sinal, cuja duração é proporcional ao número de elementos da matriz. O equipamento de transmissão e receção está localizado em dois pontos do espaço (fonte de luz e fotodetector no canal ótico, antena emissora e recetora no canal de rádio). O processo de formação de hologramas é diferente do processo de transmissão de informação. No entanto, a holografia pode ser considerada como um método de transmissão de informação da região do espaço onde o objeto está localizado para a região do espaço onde o seu holograma é formado. Na formação do holograma, o bloco de informação transmitido é uma imagem bidimensional ou tridimensional do objeto, que é transmitida num canal espacial e forma a matriz do holograma. Na holografia clássica, a informação é transmitida no espaço em paralelo (todos os pontos ao mesmo tempo) quando um holograma é criado. Mas este processo pode ser distribuído no tempo, transmitindo informações sobre o objeto através de canais de comunicação para sintetizar o holograma na extremidade recetora. Por exemplo, em [140], os mapas de profundidade e as texturas de superfície do objeto gravado são transmitidos através de um canal de comunicação.

Se a holografia for utilizada para a transmissão de informação, então as imagens dos objectos no lado transmissor são formadas uma após outra com uma certa frequência de relógio e os hologramas são registados no lado recetor com a mesma frequência. É possível considerar que na transmissão holográfica de informação há uma transformação da matriz espaço-tempo, o que dá a possibilidade de transmissão paralela (a varredura de informação no tempo, usada na transmissão sequencial, é substituída por uma varredura no espaço). Assim, a informação é expandida no espaço pela área do holograma recebido, e no tempo são utilizados dois pontos locais - o momento da formação do objeto e o momento da formação do holograma.

A holografia permite escolher entre duas opções para a localização do processamento holográfico digital. A primeira opção é a transformação holográfica direta - formação de uma imagem no plano do transmissor, propagação da frente de onda, registo do padrão de interferência no recetor e restauro da imagem original por processamento holográfico digital. A segunda variante - transformação holográfica inversa - é a formação do holograma da imagem original no plano do transmissor e a transmissão da frente de onda do holograma. Neste caso, a imagem original é formada no plano recetor. A escolha da variante depende de onde há mais recursos computacionais disponíveis - no recetor ou no transmissor.

Limitações. A primeira é a falta de meios electrónicos capazes de transmitir e processar informação à velocidade de transmissão de hologramas em espaço aberto. A segunda - o registo de hologramas de imagens reais requer fotomatrizes de vários elementos com uma grande gama dinâmica de brilho. Por conseguinte, na primeira fase da investigação desta tecnologia, a solução racional é reduzir o volume de informação transmitida e utilizar para a codificação de mensagens as imagens mais simples - matrizes de um só bit do objeto inicial, por exemplo, 16x16. Quando se utiliza um código de posição, como, por exemplo, na codificação holográfica [44], o holograma do objeto mais simples (um ponto luminoso) é uma imagem de uma placa de zona Fresnel (Fig. 10.1).

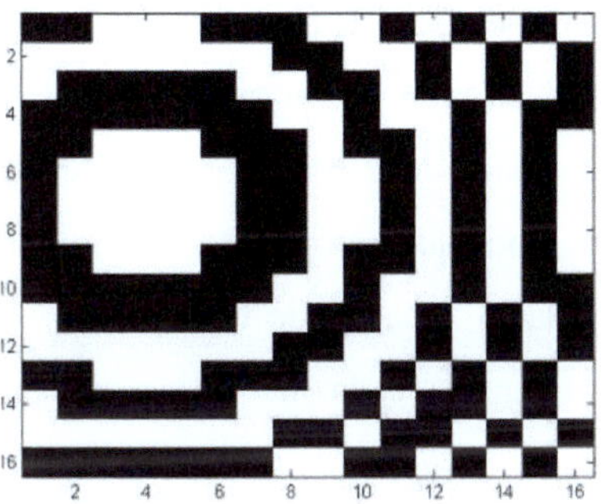


Fig. 10.1 Placa de zona Fresnel

Neste caso, o volume útil de informação transmitida é de 8 bits (duas coordenadas de 4 bits do ponto luminoso na imagem do objeto de tamanho 16x16, correspondentes às coordenadas do centro das zonas Fresnel no holograma).

No plano recetor, as coordenadas do centro das zonas Fresnel são calculadas por processamento digital, neste caso a reconstrução do holograma. Se os recursos de hardware permitirem a utilização de uma matriz de fontes de luz, é formado um holograma no plano do emissor e o padrão de interferência no plano do recetor é uma imagem de uma fonte pontual, cujas coordenadas são a informação transmitida.

## 8.2 Variantes da resolução do problema da transmissão paralela de informações

**1- Holografia ótica.** Para a transmissão no espaço aberto, uma matriz ótica binária de um só bit do objeto é formada no transmissor pelo bloco de entrada da informação transmitida. Os elementos da matriz no estado "1" são fontes de luz coerentes formadas por moduladores ópticos da frente plana criada pelo laser, no estado "0" não há radiação. A frente de onda formada por ondas esféricas dos elementos da matriz de objectos forma um holograma no plano do recetor, que é fixado pela matriz do fotodetector. A velocidade de transmissão da informação é determinada pela velocidade dos moduladores ópticos e dos fotodetectores. Em [141] é descrito um modulador espacial de luz, que foca o feixe numa dada direção e altera a intensidade da luz várias ordens de grandeza mais rapidamente do que as tecnologias comerciais em cristais líquidos ou microespelhos. O alcance da transmissão é determinado pelo rácio entre a resolução do suporte de gravação do holograma e o comprimento de onda da radiação utilizada - na holografia ótica, a dimensão da matriz do fotodetector, o número e a sensibilidade dos seus elementos, é de vários metros. É possível aumentar o alcance muitas vezes utilizando lasers de direção estreita como elementos da matriz do transmissor. Uma matriz de lasers induzida na matriz do recetor forma um padrão de interferência no seu plano. O alcance, neste caso, será determinado pelas turbulências atmosféricas e corresponderá ao alcance das linhas de comunicação ótica atmosféricas. A imunidade ao ruído de um canal ótico série com codificação holográfica é considerada em [102].

Se se obtiver êxito no domínio da transmissão de imagens através de fibras multimodo e se estas investigações forem postas em prática, serão também desenvolvidos métodos holográficos de transmissão paralela multimodo de informação digital arbitrária. Ao contrário das imagens reais que requerem uma resolução espacial elevada, a informação digital em modo multimodo pode ser transmitida sob a forma de pequenos hologramas que vão de 8x8 a 32x32. O problema da dispersão de modo e de outros tipos de distorção que surgem na transmissão por fibra é resolvido neste caso pela elevada resistência do holograma à distorção. A Fig. 10.2 mostra um holograma de um objeto com 4 pontos luminosos.

Fig. 10.2: Holograma de quatro objectos pontuais

O tamanho do holograma é de 32x32, pelo que as coordenadas de cada ponto transportam 10 bits de informação, respetivamente, 4 pontos permitem a transmissão de 40 bits. A Fig. 10.3 mostra o resultado da reconstrução deste holograma obtido através da modelação do processo de transmissão paralela de informação em ambiente MATLAB.

Assim, a utilização da holografia ótica permite organizar a transmissão paralela de informação tanto em espaço aberto como em fibra multimodo. A elevada imunidade ao ruído da transmissão holográfica permite resistir à interferência atmosférica e à dispersão de modos e aumentar em 40 ou mais vezes a velocidade de transmissão de informação em comparação com a transmissão em série no mesmo meio de propagação [142].

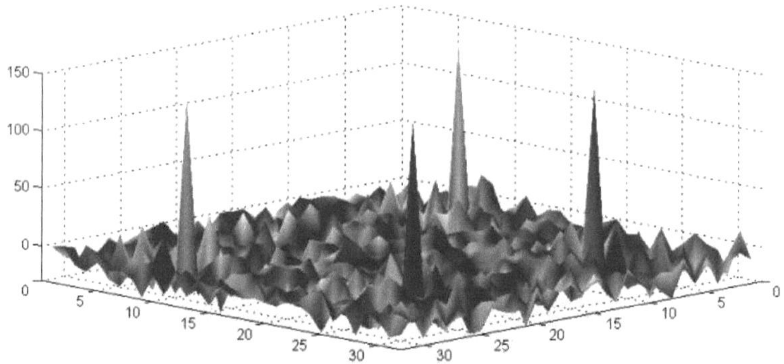


Fig. 10.3 Imagem de quatro objectos pontuais reconstruídos a partir do holograma

**2. Radio holografia.** A fase inicial do desenvolvimento da transmissão paralela de informações através de um canal de rádio é a tecnologia de codificação espaço-temporal (STC). A codificação espácio-temporal é realizada em sistemas com várias antenas no lado da transmissão e várias antenas no lado da receção, nos chamados sistemas MIMO (Multiple Input - Multiple Output). Em [143], foi considerada a possibilidade de reduzir a dimensão dos dispositivos de antena MIMO através da utilização de Superfícies Holográficas MIMO (HMIMOS). No seu desenvolvimento não foi definida a tarefa de criar um canal para transmissão paralela de informação, mas é bem possível que encontrem essa aplicação.

A formação e o registo da frente de onda têm lugar na banda de rádio. As matrizes do emissor e do recetor são conjuntos de antenas ou superfícies HMIMOS. O tamanho dos dispositivos de antena é determinado pela gama de frequências de funcionamento. Com a banda terahertz planeada para utilização em redes 6G, o tamanho das antenas será de 10-30 centímetros, o que é aceitável para muitos nós de comunicação fixos. A antena, neste caso, não é um conjunto de antenas em fase, os seus elementos funcionam com uma fase constante, que é medida na extremidade recetora durante o alinhamento conjunto do sistema de antenas de transmissão e receção. Cada elemento do conjunto de antenas fixa a intensidade do campo de interferência num ponto, formando o conjunto o holograma recebido. Como resultado do processamento digital subsequente, o bloco de informações transmitido é reconstruído.

3. **A holografia de frequência**. Outra variante da transformação da matriz espaço-tempo é a transferência da interação da informação do domínio espaço-tempo para o domínio tempo-frequência. Em vez da transferência considerada do bloco de informação de uma matriz linear no tempo para a matriz espacial do holograma, podemos utilizar a transformação do bloco de informação numa matriz linear de espetro no domínio da frequência. Isto está de certo modo associado à multiplexagem por divisão do comprimento de onda (WDM) em ótica, à multiplexagem por divisão da frequência (FDM) em canais de rádio, bem como a

tecnologias de banda larga como a divisão de códigos, a modulação linear de frequências e outras, mas mantendo a abordagem holográfica corresponde à codificação holográfica espetral. Neste caso, o holograma é alinhado no espaço de frequência - a forma do holograma correspondente ao bloco de informação transmitido tem um espetro de sinal. No lado da transmissão, o bloco de informação inicial, por exemplo, um byte, é traduzido num código de posição única, que é um código de 256 bits contendo 255 zeros e uma unidade, cujo número de posição é dado pelo byte inicial. Sobre esta matriz unidimensional é construído um holograma unidimensional (linear), cujos valores são arredondados a um bit, ou seja, o holograma é uma sequência de 256 bits de zeros e uns contidos numa proporção aproximadamente igual. Para transmitir o holograma através do canal de comunicação é necessário gerar um sinal y(mT), cuja forma do espetro é a mesma do holograma digital unidimensional - um na i-ésima posição do holograma significa a presença no espetro da i-ésima harmónica, zero - a ausência. Esta função é realizada através da adição de harmónicas com números correspondentes:

$$y(mT) = \sum_{i=1}^{N} (G(i) \cdot \sin(2\pi(m/M) \cdot i + r(i) \cdot 2\pi)),$$

em que G(i) é a matriz linear do holograma, N é o número de harmónicas, M é o número de amostras do sinal, r(i) é um número aleatório no intervalo 0...1.

Este método de condicionamento do sinal é um tipo de multiplexagem ortogonal por divisão de frequência (OFDM), caracterizado pelo facto de as frequências das N subportadoras ortogonais serem múltiplas e de a manipulação da amplitude ser utilizada como modulação digital.

Quando se utiliza um sinal y(mT), cuja duração é igual a um número inteiro de períodos de todas as harmónicas utilizadas, o seu espetro tem uma forma linear correspondente a um holograma de uma imagem virtual do bloco de dados de entrada (Fig. 10.4).

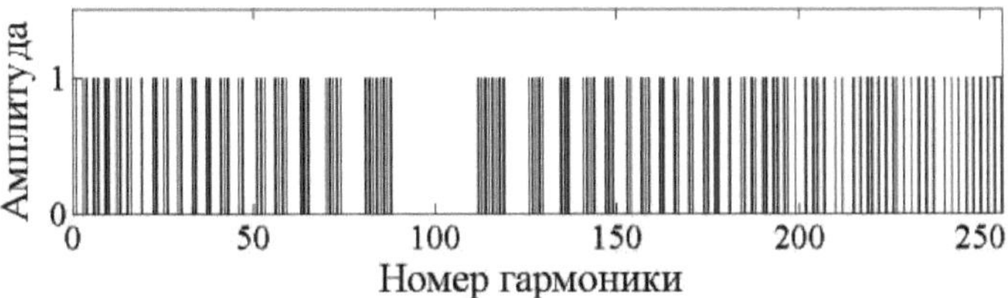


Fig. 10.4 Espectro sob a forma de um holograma

O sinal y(mT) pode ser sintetizado de forma analógica, mas em muitos casos é mais exato e mais simples efetuar a síntese digital, que pode ser implementada de duas formas. O primeiro método é a adição algébrica de N portadoras formando um espetro linear correspondente ao holograma, e o segundo método é a transformada rápida inversa de Fourier do holograma.

Um parâmetro importante do sinal é o fator de pico, que atinge o seu máximo na fase inicial zero das portadoras utilizadas. Um valor mais elevado do fator de pico impõe maiores exigências à linearidade do amplificador. O melhor resultado é obtido quando as fases iniciais das portadoras são distribuídas aleatoriamente. Neste caso, o sinal tem uma forma semelhante à do ruído (Fig. 10.5).

No recetor, é calculado o espetro do sinal recebido. A matriz digital que representa o espetro é considerada como um holograma unidimensional do bloco digital original e descodificada pelo método holográfico - é efectuada a restauração do bloco de dados original através do holograma digital.

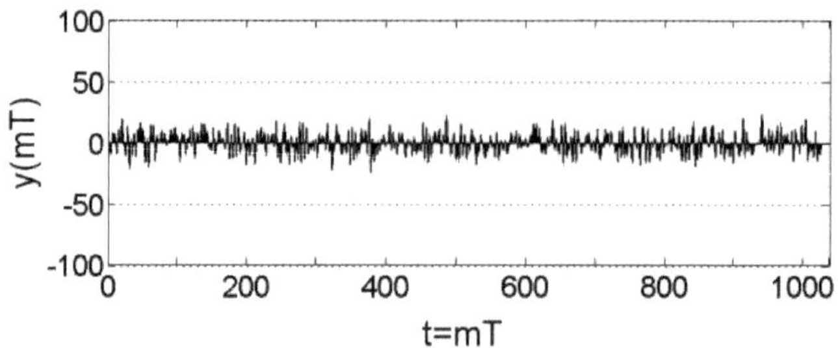


Fig. 10.5 Forma de onda do sinal com fase inicial aleatória das portadoras

Limitações deste método: a necessidade de uma vasta gama de frequências e a existência de uma limitação na velocidade de transmissão da informação devido à exigência de uma duração do sinal de, pelo menos, todo o período da harmónica inferior da gama de frequências utilizada.

Os métodos propostos de transição da transmissão em série para a transmissão paralela de informação em bandas ópticas e de rádio, utilizando a transformação holográfica de informação digital arbitrária, permitem aumentar significativamente a velocidade de transmissão de dados. O limite teórico da capacidade de débito de tais canais de comunicação é a velocidade de transmissão de um holograma - a quantidade de informação contida numa imagem tridimensional de um objeto complexo, durante a duração de um período de uma onda de radiação electromagnética. O ganho de velocidade que se pode obter depende da dimensão do holograma, da gama de frequências utilizada e dos parâmetros de codificação seleccionados. O desenvolvimento de soluções de hardware para o método holográfico de transmissão de informação é objeto de investigação futura.

# 9 Rádio ótico

Em quase todos os sistemas de comunicação, há tarefas que não podem ser resolvidas devido à velocidade limitada de transmissão da informação. Com o desenvolvimento das comunicações, há um aumento da velocidade de transmissão disponível, algumas tarefas são resolvidas, mas o seu lugar é ocupado por outras. Este estado de coisas é considerado natural, e todos os esforços dos criadores têm como objetivo aumentar a capacidade dos canais de comunicação. Ao mesmo tempo, existem processos com uma velocidade de transmissão de informação incomparavelmente superior, mas os seus princípios de transmissão não são utilizados nos sistemas técnicos. Por exemplo, ao fotografar o céu estrelado, a informação sobre toda a parte do universo no campo de visão é transmitida para o dispositivo de gravação à velocidade da luz. O facto de apenas algumas dezenas ou centenas de megabytes desta quantidade virtualmente infinita de informação poderem ser gravados diz respeito às capacidades do dispositivo de gravação utilizado e não à velocidade de transmissão de informação no espaço.

A transmissão de informação por meio de radiação electromagnética ocorre de duas formas principais - ótica (na parte visível do espetro com a inclusão de áreas vizinhas - UV e IR) e rádio (na parte de ondas longas do espetro). Comparemos as características distintivas destes métodos e consideremos a possibilidade de utilizar o terceiro método, unificador.

## 9.1 Transmissão ótica de informação

É a base da visão dos seres vivos e de toda a técnica de fixação de imagens, a começar pela fotografia. Embora, normalmente, a visão e a fotografia não sejam referidas ao processo de transferência de informação, na realidade é a principal forma de transferência de informação - da área do espaço, na qual se encontra o objeto observado, para a área da perceção - na retina do olho ou na matriz fotográfica da câmara.

É necessária uma fonte de iluminação para formar uma imagem. Cada ponto da superfície de cada objeto do cenário ótico emite, em geral, uma onda esférica, reflectindo a radiação da fonte. Assim, todo o espaço da cena ótica é preenchido com radiação do mesmo espetro (o espetro da fonte de iluminação menos a absorção espetral pelos objectos) que se propaga em todas as direcções. Durante a propagação, as ondas que se intersectam não interagem, devido à linearidade das equações de Maxwell, mas ocorre interferência em qualquer superfície (ecrã) em que embatam. Com uma fonte monocromática, o padrão de interferência é claramente visível (é utilizado em holografia); com uma fonte não monocromática, o ecrã é uniformemente iluminado (a interferência é indistinguível devido à adição de ondas incoerentes). Para obter uma imagem de uma cena ótica, é necessária uma lente (no caso mais simples, uma objetiva). A lente faz a separação espacial das ondas que nela incidem, de tal modo que em cada ponto do ecrã (a superfície onde se forma a imagem recebida) chega uma onda proveniente de apenas um ponto do cenário ótico (uma direção espacial). Por conseguinte, não há interferências no ecrã. Com uma iluminação monocromática forma-se uma imagem monocromática, com uma iluminação não monocromática forma-se uma imagem multicolorida.

Características do método ótico:

- Não há modulação, multiplexagem, divisão de frequência ou qualquer transformação da portadora (a onda emitida pela fonte de iluminação). Podemos falar apenas de modulação de amplitude, uma vez que o brilho de cada ponto da imagem é proporcional ao nível de radiação recebida

- A ausência de operações de conversão de sinais permite um tempo de modulação/demodulação nulo e uma velocidade de transmissão de imagens teoricamente ilimitada. Toda a imagem de grande complexidade é formada no ecrã num único período da onda luminosa. A velocidade da luz continua a ser um fator limitativo, mas dada a quantidade de informação contida na imagem e transmitida em paralelo simultaneamente, a largura de banda do canal na ausência de ruído é virtualmente ilimitada. A teoria da relatividade especial limita a velocidade física de transmissão de sinais para o registo de relógios entre dois observadores espacialmente distantes [144], mas não proíbe a transmissão de informações com uma taxa de bits elevada.

## 9.2 Transmissão em série através de um canal de rádio

O desenvolvimento da rádio desde a sua invenção foi como alternativa à comunicação por fio (substituindo o meio de transmissão - fio para éter) com preservação do princípio da transmissão de informação de um ponto do espaço para outro (radiotelégrafo), mas não como escolha de uma parte alternativa do espetro eletromagnético com preservação do método ótico de transmissão do espaço do emissor para o plano do recetor, quando toda a mensagem é transmitida em paralelo simultaneamente. Por conseguinte, a informação transmitida por um canal de rádio deve ser representada em série para ser transmitida por um canal de série. Se na região do espaço considerada for utilizado apenas um canal de rádio, o principal problema é aumentar a velocidade de transmissão da informação, para o que foi desenvolvido um grande número de métodos de modulação. Se nesta região do espaço for necessário organizar vários canais de comunicação, surge o problema da sua interferência na antena recetora. A principal forma de resolver este problema é a separação de frequências, cujas possibilidades são sempre limitadas pela largura da gama de frequências atribuída. Para aumentar ainda mais o número de canais em condições de défice de recursos de frequência, é utilizada a separação de canais por tempo, fase e código.

## 9.3 Rádio ótico

A visão por rádio, ou introscopia [145-147], consiste em obter imagens visíveis de objectos utilizando ondas de rádio para estudar a estrutura interna de objectos opacos na gama das ondas ópticas e para observar objectos em meios opticamente opacos. Na radiotelescopia, são utilizados vários efeitos e fenómenos físicos, sendo os cristais líquidos, os monocristais semicondutores, as películas fotográficas especiais, etc., utilizados como elementos sensíveis. Todos estes elementos, sob a influência das ondas de rádio, alteram as suas características ópticas - coeficiente de reflexão ou transparência para a luz visível. Na maioria das vezes, as imagens de rádio dos objectos são obtidas através do varrimento de um feixe estreito de ondas de rádio e da receção dos sinais reflectidos pelo objeto. No entanto, na visão por rádio e na introscopia, a tarefa de transmitir informação digital arbitrária não está definida.

Recentemente, tem sido dada cada vez mais atenção aos sistemas de vigilância do espaço circundante utilizando radiação de banda rádio nas tarefas de navegação espacial de robôs para vários fins, veículos móveis não tripulados, controlo do movimento de objectos num espaço limitado, etc. Em regra, são utilizados para estes fins sistemas activos, que incluem um emissor, um objeto iluminante e um recetor (ou, em alternativa, um sistema recetor disperso) [148]. Neste caso, utiliza-se o termo "luz rádio", que é entendido como um campo local criado artificialmente de radiação de banda larga incoerente no espaço e no tempo na gama de comprimentos de onda rádio. Ao atingir superfícies e objectos próximos, a radiação é parcialmente absorvida e passa através deles, bem como parcialmente reflectida. À medida que se propaga, transporta informação sobre o meio com o qual interage. Neste caso, a situação é semelhante à da luz normal (visível), com a única diferença de que se trata de uma gama de frequências diferente [149].

A possibilidade de criar um análogo de um olho biológico na banda rádio para observar o espaço circundante em luz rádio artificial é considerada em [148]. Vários estudos mostraram a possibilidade de observar objectos em luz rádio utilizando sistemas multifeixe semelhantes, nas suas propriedades, aos olhos de objectos biológicos com um pequeno número de elementos sensíveis. Uma abordagem comum aos trabalhos nesta área é a utilização de sistemas de antenas com um padrão de radiação estreito [150-152]. Em [148], é proposto um modelo experimental de um dispositivo de imagem rádio-luz multifeixe baseado numa lente de Rothman, que permite a aquisição simultânea de informação de cada feixe. As desvantagens desta abordagem incluem a falta de escalabilidade do sistema de imagiologia (tanto o número de feixes como a sua direccionalidade são rigidamente definidos pela geometria do sistema, que não pode ser alterada de forma flexível) e a conceção complexa da lente no caso da necessidade de trabalhar com imagens bidimensionais. Para alargar as possibilidades dos métodos de imagiologia em radioluz, é necessário poder formar vários feixes em simultâneo com elevada resolução. A base para um sistema recetor com tais características pode ser baseada em métodos radioastronómicos, nos quais um número relativamente pequeno de antenas receptoras forma imagens do espaço com alta resolução [153]. Neste caso, as radiolentes são de interesse crescente. As antenas de lente, e especialmente as antenas de lente de Luneberg [154], são um tipo promissor de antenas para redes 5G e 6G [155]. Além disso, as lentes de Luneberg são utilizadas como dispositivos de formação de padrões em radares [156], substituindo matrizes de antenas em fase e radiotelescópios.

A lente de Luneberg é uma esfera dieléctrica não homogénea em que o índice de refração n varia de acordo com a lei

$$n(r) = \sqrt{\varepsilon(r)} = \sqrt{2 - \left(\frac{r}{a}\right)^2} = \sqrt{2 - (\bar{r})^2},$$

em que $\varepsilon(r)$ - é a constante dieléctrica relativa do material da lente no ponto r, $\bar{r}$ - é a coordenada radial atual, a é o raio da esfera. A principal propriedade da lente de Luneberg é que, quando um feixe de raios paralelos incide sobre ela, todos eles se juntam num ponto - o foco.

A forma de uma lente de rádio é determinada pela lei necessária de mudança do índice de refração n (a razão das velocidades de fase da propagação de ondas de rádio no vácuo e na lente). Com $n > 1$, a radiolente (tal como a lente em ótica) é designada por retardadora, e com $n < 1$ - aceleradora (esta última não tem análogos em ótica). As radiolentes de desaceleração são feitas de materiais dieléctricos homogéneos com baixas perdas (poliestireno, fluoroplástico, etc.). Os radiolentes de aceleração são constituídos por placas metálicas com uma determinada forma. O seu princípio de funcionamento explica-se pela dependência da velocidade de fase de uma onda electromagnética que se propaga entre placas metálicas paralelas da distância que as separa, se o vetor do seu campo elétrico for paralelo às placas. O corpo da lente pode ser constituído por elementos discretos de forma cúbica com diferentes índices de refração. Assim, a lei necessária de variação do índice de refração pode ser realizada com um grau de precisão suficiente sob a forma de um conjunto radialmente variável de inomogeneidades no dielétrico. A Figura 11.1 apresenta exemplos de lentes [157].

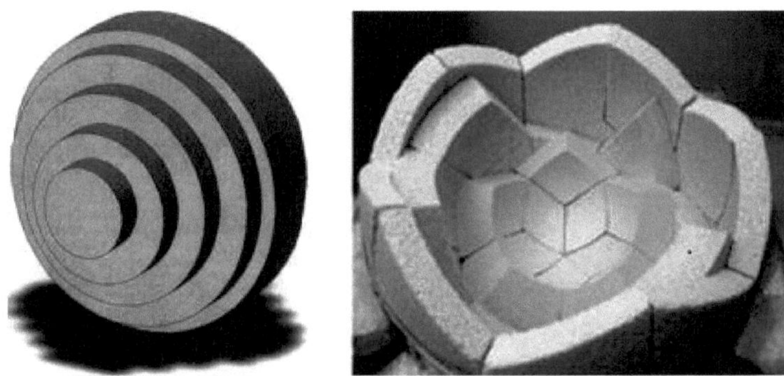

Fig. 11.1 Variantes da execução da lente de Luneberg

No entanto, a maioria dos trabalhos considera e utiliza apenas uma aplicação de radiolentes - formação de um ou vários feixes com um diagrama de directividade estreito, enquanto o método ótico de transmissão de informação noutras áreas do espetro eletromagnético permanece inexplorado. Este método é a utilização das leis da ótica geométrica na banda de rádio. Este método pode ser definido pelo termo "rádio ótico", que foi utilizado pela primeira vez pelo prémio Nobel N.G. Basov em 1961 [158]. Até à data, o desenvolvimento da eletrónica de rádio na região de alta frequência do espetro eletromagnético atingiu um nível em que é possível iniciar o desenvolvimento prático da rádio ótica.

Na transição da ótica na parte visível do espetro eletromagnético para a rádio ótica na banda de rádio, apenas mudam o tamanho e o material da lente e o tamanho do recetor (matriz de receção).

Um transmissor em rádio ótico é um conjunto de *N* transmissores que emitem sinais nas mesmas frequências. Podem ser utilizadas quaisquer técnicas de modulação e multiplexagem em cada canal. As antenas também podem ser de qualquer tipo, mas se forem utilizadas antenas direccionais, os seus padrões devem coincidir em termos de direção.

Um recetor é uma matriz de *N* receptores que trabalham em par com o seu transmissor e formam *N* canais de comunicação. O elemento principal do conjunto é uma lente de rádio que forma uma imagem de rádio da matriz da antena do emissor no plano da matriz da antena do recetor. De acordo com as leis da ótica geométrica, se a relação de comprimento de onda e o tamanho da lente forem corretamente escolhidos e o sistema estiver corretamente alinhado, apenas a radiação de um emissor entra em cada antena recetora.

Características do rádio ótico:

- Num canal de frequência numa área do espaço, é possível organizar vários canais de transmissão de informação na mesma portadora que não interfiram entre si
- A sensibilidade do recetor é determinada pela área da lente e, para converter a energia da radiação recolhida pela lente num sinal elétrico no circuito de entrada do recetor, uma antena elementar - uma célula da matriz recetora - é suficiente para este fim
- A matriz da antena das antenas transmissoras pode ser constituída por antenas direccionais de elevado ganho, a matriz da antena das antenas receptoras - por antenas elementares não direccionais

- Principal tipo de comunicação - dentro da linha de visão (pode ser utilizado o princípio do periscópio)
- O alinhamento do sistema é necessário para garantir que a antena de cada recetor recebe o sinal do transmissor correto

Possíveis aplicações:

- Múltiplas linhas de feixes hertzianos (RRL) operando numa única frequência. Exemplo de uma possível realização de uma RRL de 38 GHz num equipamento de série: 9 antenas emissoras de 30 cm de diâmetro são montadas num conjunto de 3x3, como os projectores de um estádio. As antenas de receção são montadas de forma semelhante. Em frente do conjunto de receptores está instalada uma lente de rádio com cerca de 1 metro de diâmetro, de modo a que a radiação de cada antena emissora atinja apenas uma antena recetora e não haja interferências. Assim, os 9 troncos funcionam na mesma frequência
- Canais de comunicação entre nós fixos (estações de base, quiosques de dados em redes 6G)
- Radiotelescópios
- Radares

O elemento principal da rádio ótica é um radiolens e, ao contrário da antena de abertura da rádio tradicional, é utilizado para formar uma imagem de rádio projectada num conjunto de antenas elementares. Isto permite organizar num canal espacial um grande número de canais de rádio que funcionam numa única portadora com uma escolha independente dos métodos de modulação e da largura do espetro utilizado. Uma limitação da rádio ótica é a necessidade de linha de visão, mas esta é uma desvantagem condicional. Por um lado, nas linhas de retransmissão de rádio amplamente utilizadas, por exemplo, é necessária não só uma visibilidade direta, mas também um alinhamento muito preciso (até fracções de grau) das antenas. Por outro lado, os seres humanos recebem a maior parte da informação através da visão e não consideram uma desvantagem ter de olhar na direção em que recebem a informação. Por conseguinte, pode presumir-se que, com o desenvolvimento de métodos direccionais de transmissão de informação de alta velocidade nas redes 6G (rádio ótica), a necessidade de manter a linha de visão deixará de ser vista como uma desvantagem.

# 10 Realização de modulação de fase absoluta estável utilizando codificação holográfica

A partir da teoria das comunicações, sabe-se que a manipulação de fase (PMn) se caracteriza por uma elevada imunidade ao ruído. Em 1946, V. A. Kotelnikov, na sua tese de doutoramento "Teoria da imunidade potencial ao ruído", provou que o sinal FMn com manipulação de 180° é a melhor forma de transmitir sinais binários e atinge uma imunidade potencial ao ruído [159]. No entanto, a implementação de um desmodulador para a receção coerente de um sinal deste tipo é complicada pela necessidade de manter a igualdade de fase entre o oscilador de referência e o sinal de entrada. Em esquemas práticos, o sinal de referência é formado a partir da oscilação recebida. Neste caso, todos os esquemas para a formação do sinal de referência são tais que, devido a vários factores incontroláveis, são possíveis alterações aleatórias no sinal do sinal de referência. Isto significa que os caracteres registados na saída do recetor, mesmo na ausência de interferência aditiva no canal, após um salto aleatório na fase do sinal de referência invertido. Esta situação manter-se-á até ao próximo salto de fase do sinal de referência. Ocorre o chamado fenómeno de "operação inversa", que limita severamente a aplicação de FMn absoluto (AFMn) em sistemas de comunicação. Por conseguinte, a AFMn de 180°, embora proporcione a maior imunidade possível ao ruído das comunicações por rádio, não é utilizada na prática devido ao "funcionamento inverso" do detetor coerente [160].

Em 1954, N.T. Petrovich propôs um método de manipulação de fase relativa (RPMn), que elimina o fenómeno de "trabalho inverso" [161]. Este método é amplamente utilizado nos modernos sistemas digitais de navegação, comunicação e televisão. A utilização de sinais OFMn está incorporada nas normas de comunicação DVB-S, DVB-S2/S2X, GLONASS, CDMA, Wi-Fi IEEE 802.11 e outras. [162]. Em todos estes casos, a tarefa de transmissão de mensagens é complicada pelo facto de as mensagens terem de ser extraídas de sinais modulados, que estão sujeitos a vários factores de distorção e interferência no canal de rádio. Para resolver este problema, foi desenvolvido um grande número de métodos e, entre eles, estão a começar a ser desenvolvidos métodos de receção de sinais digitais baseados em redes neuronais [163].

No entanto, os sistemas com OFMN têm desvantagens em relação aos AFMN: a necessidade de transmitir um sinal piloto no início da sessão de comunicação, menor imunidade ao ruído, implementação de hardware mais complexa. Além disso, quando um salto aleatório distorce não só o símbolo atual, mas também o símbolo seguinte, e a correção de um erro duplo exige a utilização de um código de correção com maior poder de correção. Resolve parcialmente os problemas do OFMn o método proposto em [164] de codificação diferencial de blocos espaço-temporais, que tem menor complexidade computacional e permite abandonar os sinais piloto, o que aumenta a eficiência do espetro radioelétrico. No entanto, este método só pode ser aplicado em canais com saltos de fase relativamente raros, em que o tempo de coerência é superior à duração de dois blocos de código.

A solução para o problema da aplicação da AFMN pode ser dada pela consideração do fenómeno do "trabalho inverso" em termos de codificação resistente ao ruído. Deste ponto de vista, o "trabalho inverso" é um conjunto de erros de pacote, cujo número pode atingir 100% do comprimento da palavra-código transmitida. Um dos códigos conhecidos mais eficazes para a correção de erros de pacotes é o código Reed-Solomon (código RS), muito utilizado na codificação resistente ao ruído.

O limite da capacidade de correção (*n,k*) do código RS é definido pelo limite de Singleton, segundo o qual, para a correção de *t* erros, o código deve ter pelo menos $n\text{-}k=2t$ símbolos de verificação, ou seja, dois símbolos de verificação por um erro. Com um grau de redundância elevado ($n>>k$), o número de erros corrigidos *t* aproxima-se de 50% do comprimento *n da* palavra de código. No entanto, o código holográfico descrito em [44,165], que pertence à família dos códigos posicionalmente divisíveis, é consideravelmente mais eficaz. Da teoria das comunicações eléctricas conhecemos a dependência do débito de um canal binário simétrico com a probabilidade de erro no canal, segundo a qual o débito é máximo a uma probabilidade de erro nula e unitária, e cai para zero a uma probabilidade de erro igual a 0,5. Este caso é designado por colapso do canal. De facto, uma probabilidade de erro de 0,5 pode ser obtida sem transmitir informação através do canal de comunicação. E quando a probabilidade de erro é igual a 1, a taxa de transferência é a mesma que a 0 (canal sem interferência). Isto explica-se pelo facto de que, num canal binário, para eliminar os erros em todos os bits, basta invertê-los para restaurar o sinal transmitido de forma absolutamente completa. A tarefa de corrigir erros em todos os bits de uma palavra-código binária é trivial em si mesma - basta inverter cada bit. O problema, neste caso, para os códigos conhecidos, é escolher entre dois resultados de descodificação igualmente prováveis - direto e inverso. O código de posição holográfico, ao contrário de outros códigos, dá o resultado coincidente de descodificação, tanto para o bloco de dados direto como para o invertido.

## 10.1 Código holográfico e erros de pacotes em modo "backtracking

[k]O método de codificação holográfica baseia-se na modelização matemática de um holograma unidimensional criado no espaço virtual por uma onda proveniente de um objeto obtido através da transformação de um código binário de k bits do bloco de dados de entrada num bloco secundário - um código de posição única com o número de dígitos n=2 . Esta transformação estabelece uma redundância de informação com o número de dígitos r=n-k. O bloco secundário (objeto ótico virtual) tem (n-1) zeros e uma unidade na posição dada pelo bloco de entrada. Assim, o bloco de dados de entrada é utilizado como endereço da posição da unidade na sequência de zeros do código de posição da unidade do bloco secundário. O procedimento de formação do holograma transmitido através do canal de comunicação e de restauração do objeto original pelo holograma no recetor é descrito em [44].

A estabilidade do código holográfico aos erros é explicada pela propriedade de divisibilidade do holograma, segundo a qual, mesmo com a perda ou distorção da maior parte do holograma, é possível restaurar a imagem completa do objeto. O estudo da capacidade de correção do código holográfico é realizado através da modelação em ambiente MATLAB do processo de distorção do holograma H por erros de pacotes.

Para um bloco de dados de entrada A de 5 bits (k=5), o bloco secundário tem n=32 dígitos no código de posição unitária. [102]Para o valor A registado no código decimal A =20, o registo no código binário A =10100, no código de posição unitário

A xml-ph-0000@deepl.internal

=00000000000100000000000000000000. (1)

O holograma digital unidimensional H obtido pelo método descrito em [44] é o seguinte:

H=01001110000000001110010010110101.

É este bloco de dados que é transmitido através do canal de comunicação. O resultado da recuperação do objeto a partir do holograma recebido (matriz Y) é mostrado na figura 12.1 (o máximo está na mesma posição que a unidade no código de posição (1) para A ). O número da posição da matriz Y onde se encontra o seu valor máximo, contado como na numeração dos dígitos do código binário da direita para a esquerda, corresponde ao valor transmitido do bloco de entrada A=20.

O modo de "trabalho inverso" (ocorrência de erros no pacote) leva à inversão do holograma. A Figura 12.2 mostra o resultado da descodificação do holograma no modo de "operação inversa" com o número de erros igual a 100%. O valor de pico está na mesma posição. Por conseguinte, para restaurar o valor do bloco de dados transmitido, basta determinar a posição do extremo global, independentemente do seu sinal.

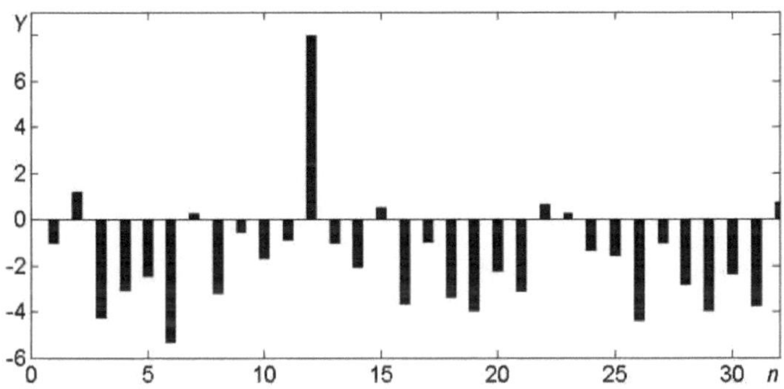


Fig. 12.1 Objeto reconstruído a partir do holograma

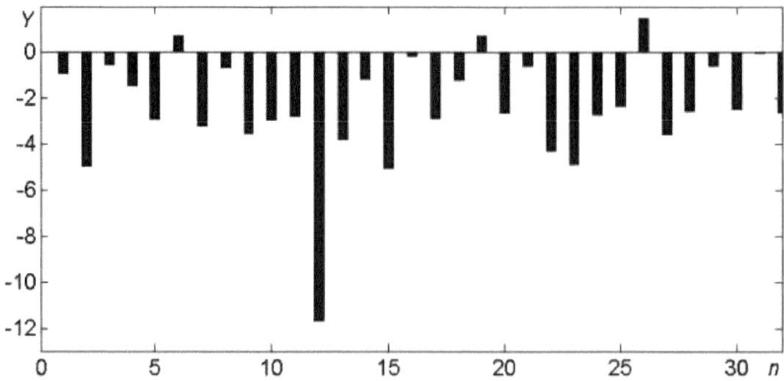


Fig. 12.2 Matriz reconstruída com contagem de erros 32 (100%)

Os exemplos acima demonstram as perspectivas de integração do método de codificação holográfica posicional tolerante ao ruído, que tem a capacidade de eliminar qualquer número de erros de pacotes no modo de "operação inversa", com o método de manipulação de fase absoluta.

De grande importância é o rácio entre o tempo de coerência (a duração do intervalo entre os saltos de fase que colocam o desmodulador no modo de "operação inversa" e vice-versa) e o tempo de transmissão de um bloco de dados. Se o tempo de coerência for superior ao tempo de transmissão de um bloco de dados, então todos os blocos recebidos durante uma fase estável de qualquer sinal são descodificados sem erros por um descodificador rígido simples. Um bloco de dados durante a receção do qual tenha ocorrido um salto de fase exige uma descodificação suave mais complexa.

## 10.2 Desenvolvimento do descodificador e resultados da modelização

Assim, no modo de "operação inversa", o descodificador holográfico proporciona um funcionamento fiável do desmodulador. O caso mais difícil é o momento da mudança de modo - o momento do salto de fase, quando mesmo a manipulação relativa da fase dá origem a dois bits defeituosos. Para resolver este problema, é necessário dividir o bloco recebido em duas partes e descodificar cada metade separadamente. A propriedade de divisibilidade e a reserva de imunidade ao ruído de um código holográfico causada por ela permite descodificar corretamente um bloco de dados não só na sua metade, mas também em qualquer quarto. O caso mais difícil de descodificar - quando o salto de fase ocorre duas vezes durante a receção de um bloco de dados e a duração do "trabalho inverso" é cerca de metade do comprimento do bloco, ou seja, o pacote de erro é igual a metade do bloco e está localizado com um desvio arbitrário no bloco. Num canal deste tipo, o OFMn, por exemplo, forma 4 erros durante a desmodulação de um bloco de dados.

Para proporcionar uma descodificação sem erros em qualquer comprimento do pacote de erros (de 0 a 100%), em qualquer posição no bloco recebido, é desenvolvido um descodificador suave, que utiliza um algoritmo mais complexo para analisar a forma do sinal reconstruído. O algoritmo contém dois conjuntos de operações - procura de um ponto especial (um ponto, no número de posições em que a informação transmitida está incorporada) por sinais directos e procura por sinais indirectos. Os sinais directos são valores máximos do módulo de 10 matrizes descodificadas (forma direta e inversa do bloco de dados completo, formas directas e inversas de quatro quartos do bloco de dados recebido). Os sinais indirectos são a disposição sistemática caraterística dos máximos em torno de um ponto especial quando o seu valor próprio é mínimo. Ao analisar as matrizes recebidas, verifica-se que a mudança para o modo de "operação inversa" leva à substituição do máximo num ponto especial por um grupo de dois, quatro ou seis máximos dispostos simetricamente em torno do ponto especial. Esta tarefa é adequada para uma rede neuronal, mas também pode ser realizada com recursos computacionais muito mais pequenos, incluindo dispositivos lógicos rígidos. A Figura 12.3 mostra exemplos de fragmentos de matriz contendo pontos especiais.

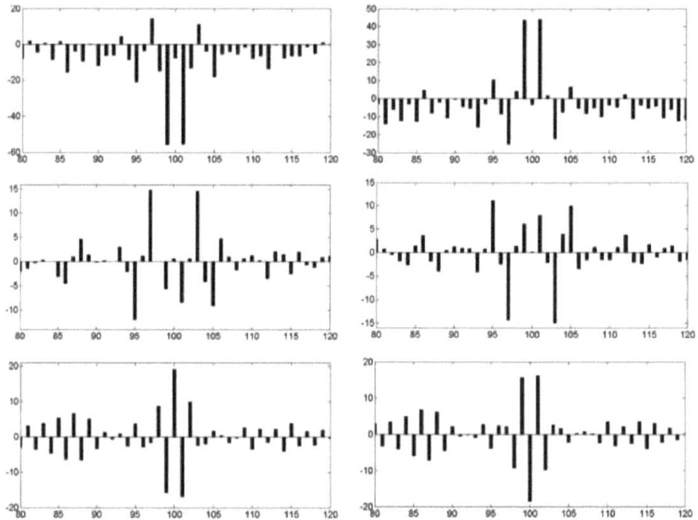

Fig. 12.3 Matrizes obtidas por descodificação de três partes do bloco de dados recebido em códigos directos e inversos. Coordenada do ponto especial A=100.

O algoritmo de descodificação holográfica suave inclui as seguintes operações:

1. Descodificação da matriz recebida em código direto
2. Descodificação de uma matriz invertida
3. Descodificação do primeiro quarto de matrizes directas e invertidas
4. Descodificar o segundo quarto das matrizes invertidas directas
5. Descodificar o terceiro quarto de matrizes directas e invertidas
6. Descodificar o quarto trimestre de matrizes directas e invertidas

7. Procura de máximos positivos em cada resultado de descodificação e determinação das suas coordenadas
8. Procurar os máximos negativos em cada resultado e determinar as suas coordenadas
9. Procura de segundos máximos (positivos e negativos) e determinação das coordenadas
10. Procura de pontos especiais com base na seleção de pares de máximos localizados simetricamente a uma distância de 2, 4 e 6 pontos. O candidato ao resultado da descodificação encontra-se no centro entre eles
11. Na matriz de pontos especiais obtida, a determinação da coordenada do ponto que ocorre com mais frequência é o resultado da descodificação.

O algoritmo descrito é implementado em ambiente MATLAB e foi investigado o processo de descodificação do sinal AFMn com duração n=32, 64, 128 e 256 bits para todos os tamanhos possíveis de pacotes de erro e todas as posições possíveis do pacote no sinal recebido. Para todas as variantes, foram modelados dois saltos de fase durante a receção de um bloco de dados. Foi estabelecido que o descodificador suave proposto em todos estes casos garante a formação de um código de saída sem erros.

O comprimento mínimo do bloco de dados transmitido quando se utiliza AFMn com codificação holográfica (AFMnGC) é de 32 bits, sendo este bloco descodificado em 5 bits de informação. Quando se utiliza OFMn com o mesmo comprimento de bloco (32 bits) e com a mesma intensidade de falhas de fase (dois saltos por bloco), 4 bits são incorretamente desmodelados, ou seja, ocorrem 12,5% de erros. Quando se utiliza o AFMnGC, os erros só começam a aparecer com três ou mais saltos de fase por bloco de dados.

O método proposto de integração da modulação de fase absoluta com codificação holográfica permite utilizar a principal vantagem do AFMn - maior imunidade ao ruído, bem como uma realização mais simples da modulação/demodulação. Isto elimina a necessidade de sincronização e a utilização de sinais piloto. O AFMnGK permite a descodificação sem erros de sinais que transportam 5 bits de informação, utilizando para isso 32 períodos de frequência portadora (densidade de taxa de dados de 0,16 bits / Hz) no tempo de coerência igual a 16 períodos da portadora.

# Lista de referências

1. Holografia ótica / R. Collier, K. Burkhart, L. Lin. - M.: Mir, 1973.

2. Chapurskiy V.V.. Obtenção de imagens radioholográficas de objectos com base em conjuntos de antenas esparsas do tipo MIMO com radiação de frequência única e multifrequência / V.V. Chapurskiy. Chapurskiy // Bauman MSTU Vestnik. Ser. "Instrumentação". - 2011. №4.

3. Semenchik, V.G. Sistema rádio holográfico de formação de imagens multi-frequência (em russo) / V.G. Semenchik, V.A. Pakhomov // Eletrónica. - 2004. № 1.

4. Pahomov V. Reconstrução de imagens de objectos reflectores utilizando a aproximação nata / V. Pahomov. Pahomov, V. Semenchik, S. Kurilo // Proc. da 35ª Conferência Europeia de Micro-ondas, - 2005. CNIT la Defence, Paris, França. P. 1375-1378.

5. Shoidin, S.A. Síntese de hologramas na extremidade recetora do canal de comunicação com o objeto holográfico / Shoidin, S.A. // Computer Optics, 2020, Vol. 44, No. 4 (DOI: 10.18287/2412-6179-CO-694).

6. Timofeev, A.L. Using holographic coding to improve noise immunity of communication channels / Timofeev, A.L. // ITportal. - 2018. T. 18. №2. (http://itportal.ru/science/tech/ispolzovanie-golograficheskogo-kodi/).

7. Golunov, V.A. Justificação da possibilidade de obter imagens de rádio de objetos pelo método de hologramas unidimensionais / V.A. Golunov, V.A. Korotkov, K.V. Korotkov // Radio Engineering and Electronics, 2019, Vol. 64, No. 1 (DOI: 10.1134/S0033849419010066).

8. Timofeev A.L.. Método holográfico de codificação com correção de erros / A.L.. Timofeev, A.Kh. Sultanov // Proc. SPIE 11146. Tecnologias ópticas para telecomunicações 2018. 111461A. N.Y.: SPIE, 2019. (https://doi.org/10.1117/12.2526922).
9. Fundamentos da teoria da codificação / Kudryashov B. D. - SPb.: BHV-Peterburg, 2016.
10. Comunicação digital. Fundamentos teóricos e aplicações práticas. 2ª edição, revista / Sklyar B. - M.: Williams, 2007.
11. Teoria dos códigos correctores de erros / McWilliams F.J., Sloan N.J.A. - M.: Svyaz, 1979.
12. Timofeev A.L. Método holográfico para armazenamento de informação digital / A. L. L. Timofeev, A.Kh. Sultanov, P.E. Filatov // Proc. SPIE 11516, Tecnologias ópticas para telecomunicações 2019, 1151604. N.Y.: SPIE, 2020. (doi:10.1117/12.2566329).
13. Ciaramella E., Arimoto Y., Contestabile G., Presi M., D'Errico A., Guarino A., Matsumoto M. Sistema de transmissão WDM ótico de espaço livre de 1,28 Tb/s (32x40 Gb/s) // IEEE Photonics Technology Letters. 2009. V. 21. № 16. P. 1121-1123.
14. Sahu M., Kiran K. V., Das S. K. FSO Link performance analysis with different modulation techniques under atmospheric turbulence // Proc. Second International Conference on Electronics, Communication and Aerospace Technology. Segunda Conferência Internacional sobre Eletrónica, Comunicação e Tecnologia Aeroespacial. IEEE. 2018. P. 619-623. DOI: 10.1109/ICECA.2018.8474849.
15. Khalighi M. A., Uysal V. Survey on free space optical communication: a communication theory perspective // IEEE Communications Surveys & Tutorials. 2014. V. 16 № 8. P. 2231-2258. DOI:10.1109/COMST.2014.2329501.

16. Ghassemlooy Z., Popoola W.O.. Comunicações Móveis e Sem Fios Camada de Rede e Projeto de Nível de Circuito, capítulo Comunicações Ópticas Terrestres de Espaço Livre // InTech. 2010. P. 355-392.

17. Xu F., Khalighi M.A., Causs'e P., Bourennane S. Codificação de canal e diversidade temporal para ligações ópticas sem fios // Optics Express. 2009. V. 17 № 2. P. 872-887.

18. Wilson S.G., Brandt-Pearce M., Cao Q.L., Baedke M. Transmissão MIMO de repetição ótica com PPM multipulso // IEEE Journal on Selected Areas in Communications. 2005. V. 23. № 9. P. 1901-1910.

19. Gagliardi R.M., Karp S. Optical Communications. John Wiley & Sons, 2ª edição, 1995.

20. Xu F., Khalighi M.A., Bourennane S. PPM codificado e PPM multipulso e deteção iterativa para ligações ópticas de espaço livre // IEEE/OSA Journal of Optical Communications and Networking. 2009. V. 1. № 5. P. 404-415.

21. Hemmati H. Deep Space Optical Communications (Comunicações ópticas no espaço profundo). Wiley-Interscience, 2006.

22. Parfenov, V.I.; Golovanov, D.Yu. Imunidade à interferência dos algoritmos para receber sinais com modulação multipulso de posição-pulso (em russo) // Computer Optics. 2018. T. 42 № 1. C. 167-174. DOI: 10.18287/2412-6179-2018-42-1-167-174.

23. Peppas K.P., Boucouvalas A.C., Ghassemloy Z. Desempenho da comunicação ótica subaquática sem fios com receptores de modulação de posição de impulsos múltiplos e diversidade espacial // IET Optoelectronics. 2017. V. 11. № 5. P. 180-185. DOI: 10.1049/iet-opt.2016.0130.

24. Moision B., Hamkins J. Multipulse PPM on discrete memoryless channels // IPN Progress Report. Laboratório de Propulsão a Jato. 2005. V. 42. №. 160.

25. Hassan M., Shapsough S., Landolsi T., Elrefaie A.F.. Estudo de desempenho de erro de sistemas de comunicação ótica MPPM com rácios de extinção finitos // Proceedings of International Conference on Industrial Informatics and Computer Systems. 2016. P. 1-4. DOI: 10.1109/ICCSII.2016.7462445.

26. Simon M. K., Vilnrotter V. A. Análise de desempenho e soluções de compromisso para PPM de pulso duplo em canais de comunicação ótica com deteção direta // IEEE Transactions on Communications. 2004. V.52. № 11. P. 1969-1979.

27. Fan Y., Green R. J. Comparação da modulação da posição do impulso e da modulação da largura do impulso para aplicação em comunicações ópticas // Optical Engineering. 2007. V. 46. № 6.

28. Krasnov, R.P. Sistema de comunicação ótica atmosférica do tipo OFDM baseado no código LDPC com deslocamento num canal turbulento // Boletim da Universidade Técnica Estatal de Voronezh. 2018. T. 14. № 4. C. 71-76.

29. Bukola D. Ajewole, Kehinde O. Odeyemi, Pius A. Owolawi, e Viranjay M. Srivastava. Desempenho do Sistema de Comunicação OFDM-FSO com Diferentes Esquemas de Modulação sobre o Canal de Turbulência Gama-Gama // Journal of Communications. 2019. V. 14. № 6. P. 490-497.

30. Ruhin Chowdhury, A. K. M. Sharoar Jahan Choyon. Design of Novel Hybrid CPDM-CO-OFDM FSO Communication System and its Performance Analysis under Diverse Weather Conditions // Journal of Optical Communications. 2021. DOI: 10.1515/joc-2021-0113.

31. Tang Q., Li K., Liu X., Kong L. Análise de Desempenho de Modulação Espectral Eficientemente Adaptativa DFT-Spread Polar Coordinate-Based OFDM em Sistema de Comunicação de Luz Laser Visível de Fibra Híbrida // 2020 IEEE 20th International Conference on Communication Technology. P. 594-598.

32. Proakis J. G., Salehi M. Digital Communications. McGraw-Hill, Nova Iorque, 5ª edição, 2007.

33. Khalighi M. A., Schwartz N., Aitamer N., Bourennane S. Fading reduction by aperture averaging and spatial diversity in optical wireless systems // IEEE/OSA Journal of Optical Communications and Networking. 2009. V. 1. № 6. P. 580-593.

34. Anguita J. A., Djordjevic I. B., Neifeld M. A., Vasic B. V. Capacidades de Shannon e códigos de correção de erros para canais ópticos atmosféricos turbulentos // Journal of Optical Networking. 2005. V. 4. № 9. P. 586-601.

35. Cvijetic N., Wilson S. G., Zarubica R. Avaliação do desempenho de uma nova arquitetura convergente para a transmissão de vídeo digital através de canais ópticos sem fios // IEEE/OSA Journal of Lightwave Technology. 2007. V. 25. № 11. P. 3366-3373.

36. Djordjevic I. B., Denic S., Anguita J., Vasic B., Neifeld M. A. Comunicação ótica MIMO codificada por LDPC sobre o canal de turbulência atmosférica // IEEE/OSA Journal of Lightwave Technology. 2008. V. 26. № 5. P. 478-487.

37. Djordjevic I. B., Vasic B., Neifeld M. A. OFDM codificado por LDPC no canal de turbulência atmosférica // Optics Express. 2007. V. 15 № 10. P. 6336-6350.

38. Uysal M., Li J., Yu M. Análise do desempenho da taxa de erro de ligações ópticas de espaço livre codificadas em canais de turbulência

atmosférica Gama-Gama // IEEE Transactions on Wireless Communications. 2006. V. 5. № 6. P. 1226-1233.

39. Chan V. W. S. Comunicações ópticas em espaço livre // IEEE/OSA Journal of Lightwave Technology. 2006. V. 24. № 12. P. 4750-4762.

40. Shapiro J. H., Puryear A. L. Reciprocity-enhanced optical communication through atmospheric turbulence, Part I: Reciprocity proofs and far-field power transfer optimisation // IEEE/OSA Journal of Optical Communications and Networking. 2012. V. 4. № 12. P. 947-954.

41. Puryeara A. L., Shapirob J. H., Parenti R. R. Reciprocityenhanced optical communication through atmospheric turbulence-Part II: Communication architectures and performance // IEEE/OSA Journal of Optical Communications and Networking. 2013. V. 5. № 8. P. 888-900.

42. Muhammad S. S., Javornik T., Jelovcan I., Leitgeb E., Ghassemlooy Z. Comparação do desempenho do PPM M-ary codificado por canal de decisão dura e de decisão suave em ligações ópticas de espaço livre // European Transactions on Telecommunications. 2008. V. 20. № 8. P. 746-757.

43. Timofeev A.L., Sultanov A.H. Códigos posicionais divisíveis com correção de erros // In Proc. Problemas de Técnicas e Tecnologias de Telecomunicações PT&T-2019. Kazan, 2019. C. 132-135.

44. Timofeev A.L., Sultanov A.H. Construção de código resistente ao ruído baseado na representação holográfica de informações digitais arbitrárias // Computer Optics. 2020, T. 44, № 6. C. 978-984. DOI: 10.18287/2412-6179-CO-739.

45. Kaushal H., Jain V., Kar S. Modelos de canais ópticos no espaço livre // Comunicação ótica no espaço livre. P. 41-89. DOI:10.1007/978-81-322-3691-7_2.

46. Huihua F.U., Wang P., Liu T., Cao T., Guo L., Qin J. Análise de desempenho de um sistema de comunicação PPM-FSO com um recetor de fotodíodo de avalanche sobre canais de turbulência atmosférica com média de abertura // Applied Optics. 2017. V. 56, № 23. P. 6432-6439. DOI: 10.1364/AO.56.006432.

47. Gappmair W., Hranilovic S., Leitgeb E. Performance of PPM on Terrestrial FSO Links with Turbulence and Pointing Errors // IEEE Communications letters. 2010. V. 14, №. 5.

48. Zubov, V.A. Analysis of time-varying optical signals and transfer functions using spectral modulation / Zubov, V.A.; Merkin, A.A. // Quantum Electronics, 1999, Vol. 29, No. 2

49. Mazurenko Yu.T. Holografia espetral / Mazurenko Yu.T. // Optical Journal, 1994, Vol. 61, No. 1.

50. Kalinin, V.I. Transmissão de informação baseada em sinais de ruído com modulação espetral / Kalinin V.I., Chapursky V.V. // Radio Engineering and Electronics, 2015, Vol. 60, No. 10.

51. Zlobin, V.K. Spectral methods of image processing / V.K. Zlobin, B.V. Kostrov, A.S. Asaev, E.R. Muratov // Vestnik of RGRTU. Vop. 21. Ryazan, 2007.

52. Parfenov, V.I.; Golovanov, D.Yu. Imunidade à interferência dos algoritmos de receção de sinal com modulação multipulso de posição-pulso / Parfenov, V.I.; Golovanov, D.Yu. // Computer Optics. - 2018. - T. 42, № 1. - C. 167-174. - DOI: 10.18287/2412-6179-2018-42-1-167-174.

53. Dufaux F., Xin, Y., Pesquet-Popescu B., Schelkens P.. Compressão de dados holográficos digitais: uma visão geral. Proc. SPIE 9599, 2015. doi:/10.1117/12.2190997.

54. Hajihashemi V., Najafabadi H.E., Gharahbagh A.A., Leung H., Yousefan M.Y., Tavares J.M. Um novo método de compressão de

imagens holográficas de elevada eficiência baseado em HEVC, Wavelet e interpolação do vizinho mais próximo. Multimedia Tools and Applications 2021; 80: 31953-31966. doi:10.1007/s11042-021-11232-0.

55. Peixeiro J.P., Brites C., Ascenso J.A., Pereira F. Codificação de dados holográficos: benchmarking e extensão do HEVC com transformadas adaptadas. IEEE Transactions on Multimedia. 2018; 20(2): 282-297. doi:10.1109/TMM.2017.2742701.

56. Cheremkhin P.A., Kurbatova E.A. Compressão Wavelet de hologramas digitais fora do eixo utilizando partes reais/imaginárias e de amplitude/fase. Relatórios Científicos. 2019; 9. doi:/10.1038/s41598-019-44119-0.

57. Narayanan R.M., Chuang J. Electron. Lett. 2007; 43(22): 1211.

58. Liang Shi, Beichen Li, Changil Kim, Petr Kellnhofer e Wojciech Matusik. Rumo à holografia 3D fotorrealista em tempo real com redes neurais profundas. Nature. 2021; 591(11): 234-253. doi:10.1038/s41586-020-03152-0.

59. Scherbakov M.A., Panov A.P. Filtragem não linear com adaptação às propriedades locais da imagem. Computational Optics. 2014; 38(4): 818-824.

60. Eisenberg I.N. Alguns algoritmos de processamento de imagem e sua realização em redes neurais. Ótica computacional. 1997; 17: 134-142.

61. Selomon D. Compressão de dados, imagens e som. Moscovo: Technosphere, 2006.

62. Grishentsev A.Yu. Efficient image compression on the basis of differential analysis (compressão eficiente de imagens com base na análise diferencial). Jornal de eletrónica de rádio. 2012; 11.

63. Coifman R.R., Wickerhauser M.V. Algoritmos baseados na entropia para a seleção da melhor base. IEEE Trans. Inform. Teoria,

Edição Especial sobre Transformadas de Wavelet e Multires. Signal Anal 1992; 38: 713-718.

64. Umnyashkin S.V., Gizatullin R.R. Compressão de imagens com base na decomposição de blocos no domínio da transformada wavelet de pacotes. Processamento de sinal digital. 2014; 1.

65. Saupe D., Hamzaoui R., Hartenstein H. Fractal image compression - An introductory overview, Fractal Models for Image Synthesis, Compression, and Analysis, D. Saupe, J. Hart (eds.), ACM SIGGRAPH'96 Course Notes.

66. Jiao, S. et al. Compressão de hologramas apenas de fase com a norma JPEG e aprendizagem profunda. Appl. Sci. 2018; 8: 1258.

67. Glumov N.I. Abordagem complexa na escolha de algoritmos de compressão e codificação resistente ao ruído para a transmissão de imagens digitais em canais de comunicação. Ótica computacional. 2004; 26: 106-109.

68. Gashnikov M.V., Glumov N.I. Aumento do rácio de compressão e da qualidade visual na compressão hierárquica de imagens devido à filtragem preliminar. Computer Optics 2005; 28: 108-111.

69. Demin V.V., Kozlova A.V. Métodos de codificação-decodificação de hologramas digitais de partículas. Izvestiya vuzov. Physica. 2013; 56(10): 368-371.

70. Donoho D. L. Compressed Sensing. IEEE Transactions on Information Theory 2006; 52(4): 1289-1306.

71. Eldar Y. C. Teoria da amostragem: para além dos sistemas limitados por banda. Cambridge University Press 2015.

72. Fadeev D.K., Rashich A.V. Backoff de potência de entrada ideal de um amplificador de potência não linear para o sistema SEFDM. Anais da NEW2AN 2015 e 8ª Conferência, 2015, 669-678.

73. Tom A. Suprimir o alinhamento: redução conjunta de PAPR e fuga de potência fora de banda para sistemas baseados em OFDM. Departamento de Engenharia Eléctrica, Universidade do Sul da Florida, Tampa, FL, 2016.

74. Isam S., Darwazeh I. Redução do rácio entre o pico e a potência média em sistemas FDM espectralmente eficientes. Actas da 18.ª Conferência Internacional sobre Telecomunicações, 2011.

75. Timofeev A.L., Sultanov A.Kh. Influência do ruído e da frequência de amostragem no erro de representação de imagens discretas. Sistemas de informação e controlo. 2021; 5: 31-38. doi:10.31799/1684-8853-2021-5-33-39.

76. Lidia Galdino L., Edwards A., Yi W., Sillekens E., Wakayama Y., Gerard T., Pelouch W.,S., Barnes S., Tsuritani T., Killey R., I., Lavery D., Bayvel P. Optical Fibre Capacity Optimisation via Continuous Bandwidth Amplification and Geometric Shaping // IEEE Photonics Technology Letters. 2020. V. 32, no. 17, pp. 1021-1024. doi: 10.1109/LPT.2020.3007591

77. Grigorieva, E.E.; Semenov, A.T. Waveguide transmission of images in coherent light (review) // Quantum Electronics. 1978. T. 5. № 9. C. 1877-1895.

78. Richardson D.J., Fini J.M., Nelson L.E.. Multiplexagem por divisão de espaço em fibras ópticas // Nature Photonics. 2013. V. 7. № 5. P. 354-362. doi: 10.1038/nphoton.2013.94

79. Wright L.G., Christodoulides D.N., Wise F.W.. Efeitos não lineares espácio-temporais controláveis em fibras multimodo // Nature Photonics. 2015. V. 9. P. 306-310. doi: 10.1038/nphoton.2015.61

80. Cizmar T., Dholakia K.. Exploração de guias de onda multimodo para imagiologia baseada em fibras puras // Nature Communication. 2012. V. 3. P.1027.

81. Choi Y., Yoon C., Kim M., Yang T. D., Fang-Yen C., Dasari R. R., Lee K. J., Choi W. Imagem endoscópica de campo largo e sem scanner utilizando uma única fibra ótica multimodo // Physical Review Letters. 2012. V. 109. № 20.

82. Turtaev S., Leite I.T., Altwegg-Boussac T., Pakan J.M., Rochefort N.L., Cizmar T. Endoscopia de alta fidelidade baseada em fibra multimodo para imagens in vivo do cérebro profundo // Luz: Ciência e Aplicações. 2018. V. 7. № 1.

83. Resisi S., Popoff S. M., Bromberg Y. Transmissão de imagem através de uma fibra multimodo dinamicamente perturbada por aprendizagem profunda // Laser & Photonics Reviews. 2021. № 10. doi:10.48550/arXiv.2011.05144

84. Lucesoli A., Rozzi T. Transmissão de imagens por fibra ótica multimodo para microendoscopia // Proc. of SPIE-OSA Biomedical Optics. 2007. SPIE V. 6631. 663117.

85. Caramazza P., Moran O., Murray-Smith R., Faccio D. Transmissão de imagens de cenas naturais através de uma fibra multimodo // Nature Communications. 2019. V. 10. № 2029. doi.org/10.1038/s41467-019-10057-8

86. Fertman A., Yelin D.. Transmissão de imagens através de uma fibra ótica usando restauração de fase modal em tempo real // Journal of the Optical Society of America B. 2013. V. 30. № 1. P. 149-157. doi.org/10.1364/JOSAB.30.000149

87. Bailey D., Wright E. Practical Fiber Optics: Elsevier. IDC Technologies. 2003. 245 p.

88. Ho K., Kahn J. Mode Coupling and its Impact on Spatially Multiplexed Systems (Acoplamento de modos e seu impacto em sistemas multiplexados espacialmente). Telecomunicações por fibra ótica VIB: Sistemas e redes: Sexta edição. 2013. doi.org/10.1016/B978-0-12-396960-6.00011-0.

89. Barankov R., Mertz J. Imagens de alto rendimento de objectos auto-luminosos através de uma única fibra ótica // Nature Communications. 2014. V. 5. no. 5581 doi.org/10.1038/ncomms6581.

90. Feshchenko, V.S.; Rogozhnikova, O.A. Optical imaging system with a waveguide (em russo) // Optics and Spectroscopy. 2004. T. 97. № 3. C. 498-501.

91. Bakharev, M.A.; Kotlyar, V.V.; Pavel'ev, V.S.; Soifer, V.A.; Khonina, S.N. Effective excitation of mode packets of an ideal gradient waveguide with specified phase velocities (in Russian) // Computer Optics. 1997. № 17. C. 21-25.

92. Liu C., Deng L., Liu D., Su L. Modelação de um sistema de imagem de fibra multimodo simples // arXiv:1607.07905 [physics.optics]. doi.org/10.48550/arXiv.1607.07905.

93. Kakkava E., Rahmanib B., Borhania N., Tegina U., Loterieb D., Konstantinoub G., Moserb C., Psaltis D.. Imagens através de fibras multimodo usando aprendizado profundo: Os efeitos da intensidade versus gravação holográfica do padrão de manchas // Tecnologia de fibra ótica. 2019. V. 52. 101985. doi.org/10.1016/j.yofte.2019.101985.

94. Borhani N., Kakkava E., Moser C., Psaltis D. Aprender a ver através das fibras multimodo // Optica. 2019 V. 5. № 8, P. 960-966. doi.org/10.1364/OPTICA.5.000960.

95. Fan P., Zhao T., Su L. Aprendizagem profunda da elevada variabilidade e aleatoriedade no interior das fibras multimodo //

arXiv:1807.09351 [physics.optics]. doi.org/10.48550/arXiv.1807.09351.

96. Rahmani B., Loterie D., Konstantinou G., Psaltis D., Moser C. Transmissão de fibra ótica multimodo com uma rede de aprendizagem profunda // Nature. Light Appl. 2018. V. 7. № 69. doi.org/10.1038/s41377-018-0074-1.

97. Takagi R., Horisaki R. & Tanida J. Reconhecimento de objectos através de uma fibra multimodo // Opt Rev. 2017. № 24. P. 117-120. doi.org/10.1007/s10043-017-0303-5.

98. Pauwels, J., Van der Sande, G. & Verschaffelt, G. Multiplexação por divisão de espaço em fibras ópticas multimodo padrão com base na classificação do padrão de manchas. Sci Rep 9, 17597 (2019). doi.org/10.1038/s41598-019-53530-6.

99. Lei Y., Li J., Fan Y., Yu D., Fu S., Yin F., Dai Y., Xu K. Transmissão multiplexada por divisão espacial de sinais sem fios 3x3 de entrada múltipla e saída múltipla sobre fibra multimodo de índice graduado convencional. Opt. Express. 2016. № 24, P. 28372-28382. doi.org/10.1364/OE.24.028372.

100. Mohapatra H., Hosain S. Fibra de poucos modos (modo quádruplo) livre de dispersão intermodal: uma modelação teórica. Opt. Commun. 2013. № 30. P. 267-270. doi.org/10.1016/j.optcom.2013.05.018.

101. Kubota H., Morioka T. Fibra ótica de poucos modos para multiplexagem por divisão de modos. Opt. Fiber Technol. 17, 490-494 (2011). doi.org/10.1016/j.yofte.2011.06.011.

102. Timofeev, A.L.; Sultanov, A.Kh.; Meshkov, I.K.; Gizatulin, A.R. Aumento do alcance das linhas de comunicação ótica atmosférica com a ajuda da codificação de posição (em russo) // Optical Journal. 2022. T. 89. № 9. C. 75-85. doi:10.17586/1023-5086-2022-89-09-75-85.

103. Leonardo R. D., Bianchi S. Transmissão de hologramas através de fibras ópticas multimodo. Opt. Express. 2011. № 19. P. 247-254. doi:10.1364/OE.19.000247

104. Paurisse M., Hanna M., Droun F., Georges P., Bellanger C., Brignon A., Huignard J. P. Controlo de fase e amplitude de um feixe de fibra multimodo através de holografia digital. Opt. Express. 2009. № 17. P. 13000–13008. doi:10.1364/OE.17.013000.

105. Leonardo R.D., Ianni F., Ruocco G. Geração computacional de hologramas óptimos para matrizes de armadilhas ópticas. 2007. Opt. Express. № 15. P. 1913–1922. doi:10.1364/OE.15.001913.

106. Grier D.G. Uma revolução na manipulação ótica. Nature. 2003. № 424. P. 810-816. doi:10.1038/nature01935.

107. Spalding G.C., Courtial J., Leonardo R.D. Pinças ópticas holográficas. Structured Light Its Applications. Imprensa académica. 2008. P. 139–168. doi:10.1016/B978-0-12-374027-4.00006-2.

108. Reicherter M., Haist T., Wagemann E.U., Tiziani H.J.. Captura de partículas ópticas com hologramas gerados por computador escritos num ecrã de cristais líquidos. Opt. Lett. 1999. № 24, P. 608-610. doi:10.1364/OL.24.000608.

109. Maksimov, I. A.; Kochura, S. G.; Avdyushkin, S. A. Disposições básicas da metodologia para garantir a resistência do equipamento de bordo de naves espaciais aos efeitos da radiação espacial // Siberian Aerospace Journal. A. Disposições básicas da metodologia para garantir a resistência do equipamento de bordo de naves espaciais aos efeitos da radiação do espaço // Siberian Aerospace Journal. 2023. T. 24, № 1. C. 116-125. Doi: 10.31772/2712-8970-2023-24-1-116-125.

110. Collier R. J., Burckhardt C. B., Lin L. H. Optical Holography // Murray Hill, New Jersey. 1971.

111. Bruckstein A.M., Holt R.J., Netravali A.N.. Representações de imagens holográficas: o método de subamostragem // IEEE Int. Conference on Image Processing. Santa Barbara. Califórnia, EUA. Vol. 1, 177-180, 1997.

112. Bruckstein A.M., Holt R.J. Netravali A.N. Representação holográfica de imagens // IEEE Transactions on Image Processing. 1998. No. 7. p. 1583-1587.

113. Bruckstein A.M., Holt R.J., Netravali A.N.. On Holographic Transform Compression of Images // Actas da 15ª Conferência Internacional sobre Reconhecimento de Padrões ICPR-2000. John Wiley & Sons Inc. P. 244-252, 2001. DOI: 10.1109/ICPR.2000.903528.

114. Dovgard R. Representação holográfica de imagens com redução dos efeitos de aliasing e ruído // Image Processing. IEEE Transactions. 2004. No. 13(7), P. 867-872.

115. Kolesov, V.V.; Zalogin, N.N.; Vorontsov, G.M. Pseudoholographic coding method (em russo) // Radio engineering and electronics. 2002. T. 2, № 5. C. 583.

116. Barinova, D.A. Desenvolvimento e investigação de algoritmos para o processamento de imagens digitais representadas em códigos pseudoholográficos // Computer Optics. 2005. VOL. 27. P. 149-154.

117. Clark G.C. Jr., Cain J.B.. Error-Correction Coding for Digital Communications // Plenum Press, New York. Segunda impressão, 1982.

118. Timofeev A.L., Sultanov A.H. Application of noise-resistant position divisible codes // In Proceedings of the XXII International Scientific and Technical Conference "Problems of telecommunication techniques and technologies-2020". Samara: PGUTI, 2020. C. 12-15.

119. Gallagher R. Information Theory and Reliable Communication // Nova Iorque: Wiley, 1968.

120. Anderson J.B., Mohan S. Source And Channel Coding An Algorithmic Approach // Springer Science+Business Media. New York. 1991.
121. Sklar B. Digital Communications: Fundamentals and Applications. Segunda edição // Prentice Hall P T R Upper Saddle River. New Jersey. 2001.
122. Mac Williams F.J., Sloane N.J.A. The Theory of Error-Correction Codes // Bell Laboratories. Murray Hill. NJ 07974. U.S.A. 1977.
123. Pudlovskiy, V.B. Seleção de satélites GLONASS para reduzir o erro na determinação das coordenadas planeadas // Rocket and Space Instrumentation and Information Systems. 2019. Vol. 6. No. 3. C. 15-22.
124. Aleshin, B.S.; Antonov, D.A.; Veremeenko, K.K.; Zharkov, M.V.; Zimin, R.Yu.; Kuznetsov, I.M.; Pronkin, A.N. Small-size integrated navigation and landing complex // Proceedings of MAI. 2012. № 54. URL: https://www.mai.ru/science/trudy/published.php?ID=29692
125. Valaitite A.A., Nikitin D.P., Sadovskaya E.V. Investigação da influência do erro de multipercurso na precisão da determinação dos parâmetros do sinal GNSS (Global Navigation Satellite Systems) com a ajuda do simulador de campo de navegação // Proceedings of MAI. 2014. № 77. URL: http://www.mai.ru/science/trudy/published.php?ID=53172
126. Г. N. Maltsev, A. N. Sakulin, E. A. Sakulin. Precisão potencial da georreferenciação de pontos de medição móveis usando sinais do sistema de navegação por satélite GLONASS // Voprosy radioelectroniki, ser. Technika televideniya. 2015. № 2. C. 57-64.
127. Ryabov, I.V.; Romanov, I.S. Determinação dos factores que afectam a precisão do posicionamento utilizando os sistemas globais de navegação por satélite GPS e GLONASS // DSPA: Questões de aplicação do processamento digital de sinais. 2018. T. 8. № 2. C. 167-170.

128. H. C. Tsyrempilova, T. E. Khavronina. Precisão da medição dos parâmetros de navegação no equipamento de navegação do consumidor do sistema de radionavegação por satélite glonass equipado com um conjunto de antenas // Problemas reais da aviação e da cosmonáutica. 2015. T. 1. C. 80-82.

129. П. V. Sharshavin, A. S. Kondratyev, A. V. Grebennikov. Aplicação do registro digital para melhorar as características de precisão da medição de pseudodistância pelos sinais dos sistemas de radionavegação por satélite GLONASS / GPS // Boletim da Universidade Aeroespacial do Estado da Sibéria com o nome de MF Reshetnev. 2012. Vop. 1 (41). C. 109-111.

130. Mishin, A.Yu.; Frolova, O.A.; Isaev, Yu.K.; Egorov, A.V. Sistema de navegação integrado de uma aeronave // Proceedings of MAI. 2010. № 38.

131. Ivanov, V.F.; Koshkarov, A.S. Melhoria da imunidade a interferências do equipamento de navegação GLONASS para consumidores através da combinação com sensores de navegação inercial // Actas do MAI. 2017. Edição nº 93. C. 23- 39.

132. Tkachev, A.B. Novas formas de melhorar a imunidade ao ruído dos sinais dos sistemas globais de navegação por satélite // MAI Bulletin. 2011. T. 18. № 5. C. 72-77.

133. B. V. Dvorkin, R.V. Bakitko, V.V. Kurshin, A.A. Povalyaev. Sistema russo de navegação e informação por satélite // Foguete e Instrumentação Espacial e Sistemas de Informação. 2018. T. 5, edição 3. C. 3-16. DOI 10.30894/issn2409-0239.2018.5.3.3.16.

134. GLONASS. Documento de controlo da interface (versão 5.1). - Moscovo: Instituto Russo de Investigação de Instrumentação Espacial, 2008. 60 c.

135. Soloviev Yu.A. Sistemas de navegação por satélite. M.: ECO-TRENDS, 2000. 268 c.

136. Gorgadze, S. F., Ermakova, A. V., Eficiência de múltiplas opções de acesso para redes celulares 5G e 6G. H&ES Reserch, 2022. Vol. 14. n.º 2. P. 19-26. doi: 10.36724/240954192022142l926.

137. Fertman A., Yelin D. Transmissão de imagens através de uma fibra ótica utilizando a restauração de fase modal em tempo real // J. Opt. Opt. Soc. Am. 2013; 30(1): 149-157.

138. Lucesoli A., Rozzi T. Transmissão de imagens por fibra ótica multimodo para microendoscopia // Proc. of SPIE-OSA Biomedical Optics, SPIE; 2016; Vol. 6631, 663117.

139. Rahmani B., Oguz I., Tegin U., Hsieh J., Psaltis D., Moser C. Aprender a criar imagens e a calcular com fibras ópticas multimodo // Nanophotonics 2022; 11(6): 1071-1082.

140. Shoidin, S.A.; Pazoev, A.L.; Smyk, A.F.; Shurygin, A.V. Hologramas de objectos 3D sintetizados na extremidade recetora do canal de comunicação em tecnologia Dot Matrix // Computer Optics. - 2022. - T. 46, № 2. - C. 204-213. - DOI: 10.18287/2412-6179-CO-1037.

141. Panuski, C.L., Christen, I., Minkov, M. Brabec C.J., Trajtenberg-Mills S., Griffiths A.D., McKendry J.D., Leake G.L., Coleman D.J., Tran C., Louis J.S., Mucci J., Horvath C., Westwood-Bachman J.N., Preble S.F., Dawson M.D., Strain M.J., Fanto M.L., Englund D.R.. Um modulador de luz espácio-temporal de grau de liberdade total // Nature Photonics, 2022, no. 16, pp. 834-842. doi.org/10.1038/s41566-022-01086-9.

142. Timofeev, A.L.; Sultanov, A.Kh.; Meshkov, I.K.; Gizatulin, A.R. Utilização dos métodos holográficos de transmissão de imagens através da fibra ótica multimodo para aumentar a capacidade das linhas de

comunicação de fibra ótica (em russo) // Optical journal. 2023. T. 90. № 10. C. 13-23. http://doi.org/10.17586/1023-5086-2023-90-10-13-23.
143. Huang C., Hu S., Alexandropoulos G.C., Alessio Zappone A., Yuen C., Zhang R., Di Renzo M., Debbah M. Holographic MIMO Surfaces for 6G Wireless Networks: Opportunities, Challenges, and Trends // IEEE Wireless Communications 2020; 27(5). DOI: 10.1109/MWC.001.1900534.
144. Molotkov S.N. Sobre a velocidade de grupo superluminal e a transferência de informação. Cartas em ZhETF. 2010. T. 91. № 12. C. 762-768.
145. Oshchepkov P. K., Merkulov A. P., Introscopia, M., 1967.
146. Irisova N. A., Timofeev Yu. P. Visão de rádio de objectos terrestres em condições meteorológicas difíceis, M., 1969;
147. Friedman, S. A., Luminescence allows us to see the invisible, Nature, 1975, no. 1.
148. Dmitriev A.S., Petrosyan M.M., Ryzhov A.I. Modelo experimental de um dispositivo multifeixe para observação em luz de rádio // Cartas em ZhtF, 2021, vol. 47, edição 12, pp. 38-41. DOI: 10.21883/PJTF.2021.12.51066.18762.
149. Dmitriev A.S., Efremova E.V., Gerasimov M Yu, Itskov V.V.. Iluminação de rádio baseada em geradores de caos dinâmicos de banda ultralarga // Radio Engineering and Electronics, 2016, Vol. 61, No. 11, pp. 1073-1083. DOI: 10.7868/S0033849416110024.
150. Karanam C. R., Mostofi Y. 3D Through-Wall Imaging with Unmanned Aerial Vehicles Using WiFi // 16ª Conferência Internacional ACM/IEEE sobre Processamento de Informação em Redes de Sensores (IPSN), 2017. P. 131-142.

151. Korany B., Karanam C. R., Mostofi Y. Imagens adaptativas de campo próximo com matrizes robóticas // Workshop de matrizes de sensores e processamento de sinais multicanal (SAM) do IEEE, 2018.

152. Ivashov C.B., Bugaev A.S. Utilização de geradores de ruído em sistemas radiométricos para deteção de objectos ocultos // Radiotekhnika i elektronika, 2013, vol. 58, n.º 9, pp. 935-942 DOI: 10.7868/S0033849413090052.

153. Thompson A. R., Moran J. M., Swenson G. W. Interferometria e Síntese em Radioastronomia // 3ª Edição, 2017. DOI:10.1007/978-3-319-44431-4.

154. B.A. Panchenko, D.V. Denisov. Características de difração da lente de Luneberg para o campo de polarização circular // Física de Processos de Ondas e Sistemas de Engenharia de Rádio, 2013. vol. 16, No. 16, № 4.

155. Kusaykin, D.V.; Denisov, D.V. Estimativa de canais em sistemas 5G MIMO-OFDM com antenas de lente multipercurso // Vestnik SibGUTI, 2021, n.º 4.

156. Panchenko B.A., Ponomarev O.P., Denisov D.V. Cálculo rápido das características de dispersão da lente de Luneberg // Boletim da VKO Concern Almaz-Antey, 2017, no. 2, pp. 21-25. DOI:10.38013/2542-0542-2017-2-21-25.

157. Denisov D. Antenas com lentes de Luneberg altamente direccionais. https://nag.ru/material/28514.

158. Basov N.G. A caminho da rádio ótica. Nauka i zhizn. 1961. NO. 7. https://www.nkj.ru/archive/articles/42954/.

159. Golovin O. Manipulação de fase relativa - um método para aumentar a fiabilidade da transmissão de informação. URL: https://www.computer-museum.ru/connect/petrovic.htm (data de referência: 10.04.2024).

160. °Volkov, A.A.; Morozov, M.S. Método de realização de FMn absoluto a 180 . // Elektrosvyaz. - 2017. - № 2. C. 72-74.

161. Petrovich N.T. Novas formas de realização da telegrafia de fase. // Radiotekhnika. - 1957. - № 10.

162. Kulikov, G.V.; Do, C.T. Eficiência do algoritmo de filtragem adaptativa de fase na receção de sinais com manipulação de fase em várias posições. // Jornal de Rádio Eletrónica. - 2020. - №. 4. https://doi.org/10.30898/1684-1719.2020.4.9.

163. Evstratko, V.V.; Konovalenko, A.I.; Mishurov, A.V.; Yukhmanov, A.D. Digital radio receiver based on a neural network. // Journal of Radioelectronics. - 2024. - №. 1. https://doi.org/10.30898/1684-1719.2024.1.5.

164. Tokar, M.S.; Ryabov, I.V. Método de codificação diferencial de blocos espaço-temporais para aplicação em sistemas de radiocomunicações móveis que utilizam tecnologia MIMO. // Journal of Radio Electronics. - 2021. - № 6. https://doi.org/10.30898/1684-1719.2021.6.4.

165. Timofeev A.L., Sultanov A.H., Meshkov I.K., Gizatulin A.R. Increasing the active use life of onboard electronic equipment of spacecrafts. // Jornal Aeroespacial Siberiano. - 2024. - T. 25. - № 1. C. 33-42. http://doi.org/10.31772/2712-8970-2024-25-1-33-42.

Printed by Books on Demand GmbH, Norderstedt / Germany